U0353424

昆虫的奇妙生活

［挪威］安妮·斯韦德鲁普-蒂格松（Anne Sverdrup-Thygeson）/著 　　　罗心宇/译

湖南科学技术出版社　　博集天卷 CS-BOOKY

目 录
Contents

序　言

　　我一直喜欢在户外，尤其是森林里度过时光。我偏爱那些人迹罕至、鲜少受到现代文明冲击的地方，偏爱置身于比任何活人的岁数都大、树冠向下倾倒、如俯冲般戳入富有弹性的苔藓中的大树之间。在一片沉默中，它们就这样俯卧着倒在那里，而生命，则继续跳着它那永恒的圆舞。

　　昆虫们成群结队地来到死树跟前。小蠹（bark beetle）在树皮下发酵的树汁中欢聚，天牛（longhorn beetle）幼虫在树木表面雕刻着巧夺天工的花纹，还有像小鳄鱼一样的金针虫（wireworm）贪婪地攫取着朽木中活动着的一切生物。成千上万的昆虫、真菌和细菌齐心协力，将死去的物质分解，并把它转化成新的生命。

能够研究这样一个令人兴奋的课题，我感到无比幸运，因为我有一份梦幻般的工作：挪威生命科学大学（NMBU）的教授。我在那里的身份是科学家、教师和学术交流者。今天我可能在读新的科研文献，深深沉浸在科学的细节中无法自拔，明天我就要做一场演讲，必须在特定的课题领域找出总体框架，查找事例，解释清楚为什么这个话题与你我有关。也许它最终会作为一篇文章出现在我们的科研博客——昆虫生态学家（Insektøkologene）上。

有时我在户外工作。我会寻找空心的古橡树，或者在地图上按受到伐木行为影响的程度对森林进行标注。所有这些工作，我都是在可爱的同事和学生的陪伴下进行的。

当我告诉别人我跟昆虫共事时，他们常常问我：黄蜂[①]有什么好的？或者，咱们要蚊子和斑虻（deer fly）干什么？当然啦，这是因为有些昆虫令人烦恼。然而事实上，它们只是这些每天都在尽自己的微薄之力来拯救你生命的小动物中微不足道的一小部分。我们还是先从比较令人烦恼的虫子说起吧。我有三个回答。

第一，这些恼人的昆虫对大自然有用。蚊类[②]昆虫是鱼类、鸟类、蝙蝠等生物不可或缺的食物，尤其是在挪威的高原和北方极地，

---

① 此处故意用不规范的日常说法"黄峰"，模拟外行的提问者。下同。——译者注
② 蚊类昆虫大体有三个英文俗名：mosquito（仅指狭义的吸血蚊，即蚊科下的属）、midge（最常用）和 gnat（大致指蕈蚊类，不严格）。这里为了行文方便，直接统译成了"蚊类"。——译者注

成群的蚊蝇对那些比它们大得多的动物至关重要，而且影响十分深远。在北极那短暂而又繁忙的夏季，昆虫群体能够决定大型驯鹿群在哪儿觅食、奔腾，并以粪便的形式留下营养。这里面有一种涟漪效应，影响着整个生态系统。同样，黄蜂也是有用的，对我们如此，对其他生物亦然。它们能够帮助植物传粉，吞掉那些我们希望控制其数量的害虫，还能为蜂鹰等数不清的物种提供食物。

第二，好办法也许就在柳暗花明之处等着我们。这句话甚至在我们觉得恶心又讨厌的那些生物身上也适用。比如，丽蝇能够清理难以愈合的伤口，而黄粉虫竟然还能消化塑料，还有最近，科学家们正在探索如何在坍塌或受严重污染的建筑物中使用蟑螂开展救援工作。我们将会在第八章看到这些。

第三，许多人认为，所有的物种都应拥有发挥全部生命潜力的机会——人类无权在"我们将哪个物种视为可爱的或者有用的"这种鼠目寸光的判断的驱使下，轻率地对待物种多样性。这意味着我们有道德上的责任，要尽可能地照顾好我们星球上的芸芸众生——包括那些并未参与任何看得见的价值创造的小生灵们，没有软绵绵的皮毛和一对褐色大眼睛的昆虫们，以及我们看不到其存在意义的物种。

自然因其复杂性而使人困惑，在这些构思巧妙的系统里，我们人类只是几百万个物种中的一个，而昆虫则是这些系统里十分重要的一部分。这就是为什么这本书探讨的是我们中最渺小的这些生灵：支撑着我们所熟悉的这个世界的所有奇异、美丽和古怪的昆虫。

本书的第一部分是关于昆虫本身的。在第一章中，你能了解到它们那令人难以置信的丰富多样性，它们如何被分门别类，它们如何感知四周，以及一些关于如何识别最重要的昆虫类群的内容。在第二章中，你将对它们颇为怪异的性生活有所了解。在那之后，我会深入探讨昆虫与其他动物之间（第三章）、昆虫与植物之间（第四章）错综复杂的关系：吃，还是被吃，每种生物每天都在进行着这样的斗争，好将自己的基因传递下去。然而合作共赢也还是有市场的，奇招妙计不胜枚举。

本书的其余部分是关于昆虫与一个特定的物种——我们人类之间的亲密关系的。它们如何为我们的食物供给做出贡献（第五章），如何将自然生态环境清扫干净（第六章），如何给我们提供一些我们所需要的东西，比如蜂蜜和抗生素（第七章）。在第八章中，我要探讨一下昆虫引领人类前进的新领域。最后，在第九章里，我探讨的是我们的这些小帮手们过得怎么样，以及你我怎样才能帮助改善它们的生活状况。因为我们人类需要昆虫去做好它们的工作，依赖于它们的劳动。我们需要它们传粉、分解有机物、形成土壤；需要它们作为其他动物的食物，控制有害生物的数量，传播种子，帮助我们进行研究，以及用它们聪明的解决办法来为我们提供灵感。昆虫就是大自然的小齿轮，推动着世界的运转。

前 言

在今天，地球上生活的每一个人都对应着 2 亿只昆虫。你坐在那里阅读这句话的同时，有无数（$10^{15} \sim 10^{16}$）只昆虫正在这个星球上迤逦、爬行，或是展翅飞舞，比全世界所有海滩上的沙砾还多。无论你喜欢与否，它们都包围着你，因为地球本就是昆虫的星球。

它们的数量多到让人难以想象，而且它们无处不在：森林和湖泊、草原和河流、冻原和高山。石蝇（stonefly）居住在喜马拉雅山脉海拔约 6 000 米高的寒冷之地，而水蝇则生活在黄石公园滚热的泉水中，那里的温度高于 50 ℃。世界上最深的山洞那永恒的黑暗里生活着盲眼的穴居蚊，也有昆虫生活在洗礼池、计算机和原油坑里，或者在马胃里的酸液和胆汁之中。它们还生活在沙漠里、冻海的冰层之下、雪中，以及海象的鼻孔里。

每个大洲都有昆虫——尽管人们公认南极洲只有一个昆虫物种作为代表：一种不会飞的蚊类。只要温度稍稍高过零上 10 摄氏度哪怕一秒，它们都会翘辫子。甚至海里也有昆虫。海豹和企鹅的皮肤上有各种各样的虱子，它们在寄主潜入海面以下的时候也停留在原处。而且我们绝不能忘了生活在鹈鹕（pelican）喉囊里的虱子，还有终其一生都用六足划行在开阔海面上的海鼋。

昆虫也许很小，但它们的成就是绝对不容小觑的。远在人类踏足这个星球之前，昆虫就已经开始从事农业和畜牧业了：白蚁（termite）培养真菌作为食物，而蚂蚁则将蚜虫（aphid）当作奶牛圈养起来。胡蜂是最早用纤维素（cellulose）造纸的生物，而在人类编织出我们最早的渔网几百万年前，石蛾幼虫就在用织成的网捕捉其他生物了。昆虫在千百万年前就解决了空气动力学和导航方面的复杂问题，并且学会了——即使不算是驯服火，至少也算是驯服光，甚至将光掌控在了它们自己的身体里。

昆虫集结令

不管我们是选择一只一只地数，还是一种一种地数，都可以很有底气地说出昆虫是这个星球所有动物当中最为繁盛的一个纲。昆虫不仅拥有令人难以置信的个体数量，而且它们的总量在所有已知的多细胞生物物种中也占多半。它们拥有大约 100 万个不同的种类。

这意味着如果你出一套"本月昆虫"的月历,每月推介一种新昆虫,可以出上 80 000 多年!

从字母 A 到 Z,昆虫因其物种丰富性而使人印象深刻: ants(蚂蚁)、bumblebees(熊蜂)、cicadas(蝉)、dragonflies(蜻蜓)、earwigs(蠼螋)、fireflies(萤火虫)、grasshoppers(蝗虫)、honeybees(蜜蜂)、inchworms(尺蠖)、jewel beetles(吉丁虫)、katydids(螽斯)、lacewings(草蛉)、mayflies(蜉蝣)、nits(头虱)、owl moths(箩纹蛾)、praying mantises(螳螂)、queen butterflies(女王斑蝶)、rice weevils(米象)、stinkbugs(蝽)、termites(白蚁)、urania moths(燕蛾)、velvet ants(蚁蜂)、wasps(胡蜂)、xylophagous beetles(食木甲虫)、yellow mealworms(黄粉虫)和 zebra butterflies(黄条袖蝶)。

我们来做一个简短的思维实验吧,从而对物种多样性在不同类群之间的分配情况形成一个印象:想象一下,如果世界上所有已知的物种——无论大小——都被授予联合国会员国的席位,那么会议大厅里将会挤成一锅粥,因为即使每个物种只派一位代表,加起来仍然超过 150 万位。

这么说吧,如果我们把权力和投票权根据不同类群的物种数量分配到这个"生物多样性联合国"之中,就会产生全新的、不同寻常的格局,这主要是因为昆虫会占据统治地位,拥有超过半数的投票权。这还是在我们没有考虑所有其他小型物种,比如蜘蛛、蜗牛、蛔虫之类的情况下,光是它们也要占据 20% 的投票。其次,所有植物物种大概能够占到 16%，而已知的真菌和地衣类物种也能占据大约 5% 的票数。

　　但我们在这幅图画当中处在什么位置呢？当我们像这样审视物种多样性时，人类的数量根本不值一提。即使把我们与世界上其他所有的脊椎动物——像是麋鹿、老鼠、鱼、鸟、蛇和蛙类——算在一起，我们最后仍然只构成已知物种中的 3%，拥有微不足道的权力比重。换句话说，我们人类完全依赖于一大群微小无名的物种，其中很重要的一部分是昆虫。

微型仙女和《圣经》中的巨人

　　昆虫的形状和色彩多种多样，其体形变化的范围之大在动物的任一纲中都鲜有可比性。世界上最小的昆虫缨小蜂（fairy wasp），在整个幼虫阶段都生活在其他昆虫的卵里面，你可以想想它们到底有多小。其中有种微小的 *Kikiki huna* 蜂，小到只有约 0.16 毫米，你根本看不见它。它的名字来自它被发现的地方之一——夏威夷群岛的官方语言夏威夷语。它的意思是像"小点点"的东西，够符合逻辑的了。

　　这种微型小蜂的一个近缘种类有一个更好听的名字：*Tinkerbella nana*（小叮当缨小蜂）。这一属名 *Tinkerbella* 来自《彼得·潘》里面的仙女小叮当，而种名 *nana* 则是一个双关语，既指"nanos"，希腊语中的"矮小"一词，也指"Nana"，《彼得·潘》里面那只狗的名字。小叮当缨小蜂实在太小了，它甚至能停落在人的发梢上。

而从世界上最小的昆虫到世界上最大的昆虫，可以说是巨大的跨越。有几名选手在争夺这个称号，最后花落谁家取决于你如何理解"最大"这个词。如果我们说的是最长，那么赢家是中国巨竹节虫，名叫 *Phryganistria chinensis Zhao*——长达 62.4 厘米，比你的小臂还要长。即便如此，它却没有一根食指粗。这个亚种以昆虫学家赵力命名，他在收到中国南方广西地区当地人的消息后，花了多年时间去追踪这种超级竹节虫（stick insect）。

但如果我们说的是最重的昆虫，那么大王花金龟（goliath beetle）则当仁不让。这种非洲巨型甲虫的幼虫重达 100 克——差不多和一只乌鸫（blackbird）一样重。它的名字源于歌利亚——《圣经》中著名的 10 英尺①高巨人，他将恐惧钉进了以色列人的心里，然而却被一个叫大卫的小伙子杀死了，凭的只是一个投石器，再加上山上那些朋友的鼎力相助。

昆虫比恐龙出现得更早

昆虫已经出现很长时间了，绝对比我们人类出现的时间要长。准确把握远古时间的概念——纪元更迭，亿万年流逝——是很难的。因此，如果我说最早的昆虫出现在大约 4.79 亿年前，似乎也并不意味着什么。也许这么说你更容易理解，昆虫远远地看着恐龙出现在地球上，又远远地目送它们消失。

----

① 1 英尺合 30.48 厘米。

很久很久以前，最早的一批植物和动物离开海洋，来到了干燥的陆地上。对地球上的生命来说，这是一场革命。想象一下，如果我们能够将这一重大时刻拍下来，那将是怎样一段富有标志性意义的视频！"虫子的一小步，地球生命的一大步。"不幸的是，我们必须接受现实，用化石和丰富的想象力来追寻昆虫世界之先驱的足迹。

回想地球最初的日子。从第一批富有冒险精神的虫子将头探出海面，决定探索更为干燥的新居所起，时间已经过了几百万年。我们现在处在泥盆纪，这个时期有些默默无闻，夹在两个更加出名的纪元——寒武—志留时期（由寒武纪、奥陶纪和志留纪组成——形成了挪威奥斯陆周围富含石灰岩的地区）和石炭纪（这是我们这个依赖于化石燃料的社会存在的根基，伴随它而来的是大量的财富和气候变化）——之间。演化走上了快车道，最早的昆虫现在成了事实：在欧洲蕨和状似乌鸦脚的植物丛之间，有一只小小的六足生物在地面上拖曳而行，它的身体分为三段，有两根小触角。这就是这个星球上最早的昆虫，是它迈出了让自己的族群统治全球的第一步。

昆虫与其他生命形态的紧密关联，从它们登上干燥陆地的第一天起就至关重要。陆生植物在石砾遍布的贫瘠土地上为昆虫等虫类生物提供食物，提升了它们的生存机会。作为回报，虫类生物通过循环利用死去的植物组织中的营养，创造供养新生的土壤，也提升了植物的生存机会。

翅的奇迹

昆虫取得巨大成功的一个重要原因是它们能飞。在大约 4 亿年前，这是一项多么神奇的创新啊！这下，昆虫就能接触到一些独一无二的东西了：有了翅，它们就能更加有效地汲取植物上端的营养，同时避开地面上的天敌。对更加具有冒险精神的虫子来说，翅提供了全新的机会，让它们可以扩散到更好的地方。飞入空中同样影响了昆虫的配偶选择，给了它们做梦都想不到的良机，让它们在空中那片新的艳遇场上炫耀自己最好的一面。

我们并不能确切地知道翅是什么时候形成的。也许它们是由胸部的外长物演化来的，这些外长物可能行使太阳能收集器的功能，或者可以让昆虫在跳跃或跌落后保持身体平稳。也许翅是由鳃演化来的。不管怎样，最重要的一点是，昆虫发现它们身上的这件小装置在从树上或者很高的植物上滑翔下来时很好用。拥有发育良好的翅原基的昆虫能得到更多的食物，活得更久，并且——作为其结果——拥有更多后代，反过来，后代也继承了这些超强翅原基。通过这种方式，演化确保了翅成为昆虫的普遍装备，并且从地质年代的时间尺度来看，这一演化速度相当快。很快，大气层就活跃了起来，飞舞着各式各样的闪亮的、呼呼作响的翅。

要理解翅对早期昆虫来说是一场多么巨大的成功，有一点是很关键的：别人谁也不会飞！当时还没有任何鸟类、蝙蝠，或是翼龙，它们还要过好久才会出现。这意味着昆虫统治全球的天空长达 1.5 亿年。相比之下，我们自己这个物种——智人，在地球上一共才存在了短短二三十万年。

　　昆虫在五次物种大灭绝中都幸存了下来。恐龙是在第三次物种大灭绝之后，大约 2.4 亿年前，才在世界上崭露头角的。所以，下次你发现自己在想着一只昆虫有多么讨厌的时候，要记得动物界中的这个纲在恐龙出现很久之前就已经存在于这个星球之上了。要我说，光是这条就值得一点尊重。

小生灵，妙设计
昆虫的解剖结构

　　那么，这些与我们生活在同一个星球上的小生灵，它们又是如何"组装"起来的呢？本章是昆虫结构学的速成课。这一章同样说明了，不管体形多么娇小，昆虫都是能数数、教导以及识别出彼此和我们人类的。

六足，四翅，二触角

　　到底什么才算昆虫？如果你对此有任何疑问，一条很好的经验法则就是从数腿开始。因为大多数昆虫都有六条腿，全都长在它们身体的中段。

　　下一步是查看这只虫子有没有翅。它们同样长在中段。大多数昆虫拥有两对翅：前翅和后翅。

　　现在，你已经间接地抓住了昆虫的一项关键特征：它们的身体是分成三部分的。作为节肢动物门众多代表中的一员，昆虫由许多体节构成。就昆虫而言，这些体节融合为三个十分清晰、分界明显的区段：头、胸和腹。许多昆虫的旧体节仍然作为凹缝或者痕迹出现在身体表面，仿佛有人用锋利的器具把它们切开了一样——事实上，这就是这个纲的名字的由来："insect"源于拉丁语动词"insecare"，意思是切入。

前面的部分——头部，和我们自己的不无相似之处：它既有嘴，又有最重要的感觉器官——眼睛和触角。昆虫绝不会有多于两根触角，而它们的眼睛却在数量和类型上大有不同。要知道，昆虫的眼睛不一定只长在头上。有一种凤蝶的眼睛长在阳茎上！这能够帮助雄性在交配时处于正确的位置。而这种凤蝶的雌虫的屁股后面也长着眼睛，用来检查自己是否把卵产在了正确的位置。

如果说头部是昆虫的感觉中枢，那么中间部分——胸部——就是运动中枢。这个区段由驱动翅和足所需的肌肉主宰。值得注意的是，与其他所有能够飞行或者滑翔的生物——鸟、蝙蝠、鼯鼠、飞鱼——不同，昆虫的翅不是特化[①]的胳膊或腿，而是独立的动力装置，作为足的功能的补充。

腹部通常是最肥硕的一段，它负责繁殖，同时还包含着昆虫大部分的消化系统。代谢废物由身体后端排出——通常如此。微小的瘿蜂（gall wasp）幼虫的整个幼虫阶段都是在植物围绕它们所构建的全封闭结构中生活的，因此受到了极为细致的呵护。它

---

① 指生物发生局部的特殊变异以适应特定环境条件的现象。

们知道污染自己的巢穴是不对的，但由于被困在一个没有厕所的单间公寓里，那就别无选择，只能憋着。只有到幼虫阶段结束的那一刻，肠道和肠道的开口才被连接在一起（见第七章）。

生活在无脊椎动物的世界里

昆虫是无脊椎动物——换言之，就是没有脊椎、骨架或者骨骼的动物。事实上，它们的骨骼长在外面：一副轻而坚硬的外骨骼保护着柔软的内部，使之免受撞击等外部压力。其身体最外层包裹在一层蜡质当中，提供的保护可以对抗每只昆虫最大的恐惧：脱水。尽管体形很小，昆虫的表面积比起自己微小的体积来说却很大——这意味着它们因蒸发而失去宝贵水分子的危险性很高，那会让它们像鱼干一样死去，而蜡质层是保住每个水分子的关键。

构成骨骼的物质也能保护昆虫的翅和足。它们的足由强壮有力的中空管组成，有许多关节帮助它们跑、跳以及进行其他有意思的活动。

但是骨骼长在外面也有几个缺点。如果像这样被关住，你该怎样成长和扩展呢？想象面团被困在一副中世纪的铠甲里，扩张，膨胀，直到无处可去。但是昆虫有一个解决办法：在旧铠甲下面，长出一副新铠甲，新铠甲最开始是很柔软的。僵硬的旧铠甲裂开，昆虫就像我们抖落一件旧衬衫一样，悠闲地从自己的旧外皮中跳出来。

现在，昆虫的关键任务是让自己真正地膨胀起来，让这副柔软的新铠甲在变干变硬之前尽量增大。因为新的外骨骼一旦完成了硬化，昆虫的成长潜力就变不了了，只能等到下一次蜕皮才能为新的机会铺平道路。

如果你觉得这听起来挺累人的，也许你听到漫长的蜕皮过程只出现在昆虫生命的早期阶段（也有少数例外）会感到欣慰。

变形的时刻

昆虫有两种变形方式：一种是经过一系列的蜕皮过程逐渐变化，另一种是在从幼虫到成虫的发育过程中突然发生变化。这两种变形叫作变态发育。

第一种类型，如蜻蜓、蝗虫、蟑螂和蝽类，在生长过程中逐渐改变外形。这有点像我们人类，区别在于我们不必为了茁壮成长而蜕掉整个皮肤。这些昆虫的童年阶段被称为若虫期。若虫成长，蜕掉几次外骨骼（具体蜕多少次因物种而异，但通常是三到八次），变得越来越像成虫的外形。接着，若虫终于进行了最后一次蜕皮，它们从用旧了的幼期外皮中爬出来，装配上了运转正常的翅和性器官：看！它变成成虫啦！

其他的昆虫会进行完全变态发育——从幼年到成年的一次魔幻般的外形变化。在人类世界，我们必须把目光转向童话故事和奇幻文学，才能找到这种外形变化的例子，比如青蛙被亲吻后变成王子，或者 J.K. 罗琳笔下的米勒娃·麦格教授变成一只猫。但对昆虫来说，亲吻和咒语可不是这种变化的原因：变态发育是由激素推动的，标志着从幼虫到成虫的转变。首先，卵孵化成一只与它最终将变成的生物毫无相似之处的幼虫。这只幼虫常常看起来像一只苍白黯淡的长方形口袋，一端长着嘴，另一端长着肛门（不过还是有些值得称道的例外者，包括很多蝴蝶）。幼虫会蜕几次皮，每次蜕皮之后都长得更大，但除此之外，看起来几乎没有什么变化。

　　见证奇迹的时刻是蛹期——一个静息的时期，昆虫在此时经历着从默默无闻的"袋状生物"到复杂得不可思议、精致到无与伦比的成年个体的奇迹般的变化。在蛹壳内，整个昆虫都在重建，就像一个乐高模型，它的积木块被拆解开，然后重新拼装成一种完全不同的形状。最后，蛹会裂开，里面爬出"一只美丽的蝴蝶"——就像我从小到大都爱读的一本童书《好饿的毛毛虫》（*The Very Hungry Caterpillar*）里形容的那样。完全变态是明智的，而且毫无疑问是最成功的变形。这个星球上大多数——高达 85%——的昆虫物种采用的是这种完全变态的发育方式，其中包括占主宰地位的昆虫类群，比如甲虫、蜂类、蝴蝶和蛾子、蝇类和蚊子。

　　这种发育方式最妙不可言的一点是昆虫的幼体和成体能够利用两种截然不同的食谱和生境 ①，在生命的各个阶段专注于自己的核心

---

① 昆虫个体、种群或群落生活、繁衍的场所。

使命。不会飞的幼虫专注于储存能量，可以说是个进食机器。而在蛹期，所有积累下来的能量都被分解，重新组合成一个全新的生命体：一个致力于繁殖的飞行生物。

*

昆虫幼虫与成虫之间的关联在古埃及时代就已经为人所知，但人们并不理解发生了什么。有人认为幼虫是一个走失的胎儿，最终恢复了理智，爬回了它的卵里——以蛹的形式——为了最后的诞生。其他人则宣称这是两个完全不同的个体，第一个死了，以一种新形态复活。

直到 17 世纪，荷兰生物学家扬·斯瓦默丹（Jan Swammerdam）依靠新发明——显微镜，证明了幼虫和成虫从始至终都是同一个个体。如果幼虫或者蛹被仔细地切开放到显微境下，人们可以清楚地在其表面之下辨认出一些成虫所拥有的部件。斯瓦默丹乐于在观众面前展示自己使用显微镜和解剖刀的技艺，经常给人演示自己是如何做到将一只硕大蚕蛾幼虫的皮剥掉，露出下面翅的结构，就连翅膀上标志性的翅脉纹路都完完整整。即便如此，这一点也得到很久很久以后才成为常识。查尔斯·达尔文在他的日记里记载过，在 19 世纪 30 年代，一位德国科学家还因为能够将幼虫变成蝴蝶而在智利被指控为邪教异端。即使是现在，专家们仍在继续讨论变态发育过程的准确细节。幸运的是，世界上仍然留有一些谜团。

用吸管呼吸

昆虫没有肺，不会像我们这样用嘴呼吸，而是用身体两侧的孔来呼吸。这些孔像吸管一样，从昆虫的身体表面延伸到内部，一路分叉。空气填满这些管道，氧气经由吸管进入身体的细胞。这意味着昆虫不需要用血液来把氧气输送到身体的各个角落。然而，它们仍然需要某种血液——叫作血淋巴——来将营养和激素运输到细胞里，并为细胞清除废物。既然昆虫的血液不输送氧气，那么昆虫就不需要那些让我们哺乳动物的血呈现红色的含铁物质了。因此，昆虫的血是无色、黄色或绿色的。这就是为什么在炎热无风的夏日午后开车时，你汽车的挡风玻璃看起来不会像一本糟糕的犯罪小说里的场景那样布满红色"血迹"，而是覆盖着黄绿色的斑斑点点。

昆虫甚至没有静脉和动脉，相反，昆虫的血液在身体的器官之间自由流动，向下流入足，向外流入翅。为了保证血液循环，某种心脏之类的东西是存在的：背部的一条长长的肌肉管道，其前端和侧面有开口。肌肉的收缩将血液从后向前挤压，送往头部和脑。

昆虫的感官印象是在脑中进行处理的。对它们来说，如果要寻找食物、躲避天敌、搜寻配偶，那么从周围接收气味、声音和视觉形式的信号是极为重要的。尽管昆虫与我们人类有着相同的基本感官——它们能感觉光、声音和气味，还能品尝味道和触摸——它们的大多数感觉器官却是以一种完全不同的方式构建的。让我们来看看昆虫的感官器件吧。

昆虫的芳香语言

对很多昆虫来说，嗅觉是很重要的，但与我们不同的是，它们没有鼻子，因而是用触角嗅出大部分气味的。有些昆虫，包括特定种类的雄性蛾子，拥有大型羽毛状触角，能够捕捉到几公里外的雌性的气味，即使浓度极低。

昆虫通过气味进行交流的方式有很多。气味分子使得它们可以向彼此发送各种各样的信息，从"寂寞女子诚邀帅气小伙共度良宵"这样的征婚广告，到蚂蚁餐厅的推荐："沿着这条气味小路走下去，就能在厨房台面上找到一摊美味的果酱。"

举个例子，云杉八齿小蠹（spruce bark beetle）就不需要Snapchat[①]或者Messenger[②]来相互告知派对在哪儿举办。发现一棵生病的云杉树时，它们就用气味这种语言通知大家这件事。这使得它们能够聚集足够多的甲虫，来制伏一棵病恹恹的活树——它在生命最后的日子里将成为成千上万只甲虫宝宝的幼儿园。

我们会忽略大多数的昆虫气味，因为我们根本闻不到。但当你在夏末的一天，漫步于挪威南部滕斯贝格（Tønsberg）城镇那些古树的树荫下时，可能会有幸闻到极为悦人的桃子芳香：那是隐士臭斑金龟（hermit beetle）——欧洲最大也最稀有的甲虫之一——在邻

---

① 由斯坦福大学的两位学生开发的一款照片分享应用。
② 微软公司推出的即时消息软件。

近的一棵树上向女朋友求爱呢。它所使用的那种令人愉悦的物质有
一个毫不浪漫的名字——γ - 癸内酯，我们人类在实验室中生产它，
将其用于化妆品，或为食品、饮料增加香气。

这种气味对于笨重、行动迟缓、很少飞行，或者就算飞也飞不
远的隐士臭斑金龟非常有用。它生活在中空的古树里，幼虫在那里
啃食着朽木的碎屑，是个真正的御宅族：瑞典的一项研究表明，多
数隐士臭斑金龟的成虫仍然生活在自己出生的那棵树里。对旅行缺
乏兴趣让寻找新的空心树并迁入其中这件事变得很复杂，而如今，
在集中开垦的森林和耕地中，中空的老树很不常见这一事实也让情
况难以好转。其结果是，这个零散分布在整个西欧，从瑞典南部到
西班牙北部（但是不包括不列颠诸岛）的物种正在其分布范围内衰
减，这引发了很多欧洲国家对其进行保护。在挪威，它被视为极度
濒危物种，只能在一个地方找到：滕斯贝格的一个老教堂庭院里。
或者准确点说，是两个地方，因为最近，为了确保这个物种能够存
活下去，有些个体被搬到了附近的一小片橡树林里。

花妖摄魂

花儿们意识到气味对昆虫很重要，或准确地说，是千百万年的
共同演化造成了最不可思议的相互联系。世界上最大的花属于大花
草属（*Rafflesia*），分布在东南亚，靠丽蝇来传粉。这意味着，"夏日

暖阳的气味遇到凉爽的傍晚清风，夹杂着一丝琥珀的松香和饱含风情的香草气息"——借用点香水工业的术语吧——并不能胜任这项工作。确实不能！如果想让丽蝇来造访，你得用丽蝇的语言向它们吆喝。这就是为什么世界上最大的花闻起来像在炎热的丛林中躺了几天的动物死尸——一股腐肉的恶臭味，令你无法抗拒，如果你正好是一只丽蝇的话。

　　但你不必造访丛林，就能找到一些会讲昆虫气味之语的花。苍蝇兰（fly orchid）是一个受保护的欧洲本土物种，在挪威和英国很稀有，但是在中欧分布广泛。它开着怪异的褐蓝色花朵，看起来就像某种泥蜂（digger wasp）的雌性，而它美丽的外表又被辅以正确的气味：这种花闻起来与正在寻找配偶的雌性泥蜂一模一样。那么，一只心猿意马的刚羽化的雄泥蜂要怎么做呢？它短暂的一生只被一种想法支配着啊。它着了这个把戏的道，试图与花朵交配。事情进展不顺利的时候，它就转移到另一个它以为是雌蜂的东西那里，再试一次，但在那儿也不走运。它不知道的是，在这些注定要失败的交配过程中，它沾上了一些黄色的构造物，它们看起来有点像"绒球头饰"——20 世纪 80 年代，派对上很流行的一种头饰。这些黄色东西里包含着苍蝇兰的花粉，因此雄性泥蜂狂热的调情为花的传粉做出了贡献。

　　如果你关心那只不幸的雄泥蜂的命运，请不要失望。真正的雌蜂会在雄蜂之后几天羽化，那时就真的热闹起来了。通过这种方式，苍蝇兰和泥蜂的存在就双双得到了保证。

膝上的耳朵和报死窃蠹

尽管通过气味进行交流对昆虫来说很重要，尤其是在寻找配偶时，但还是有些昆虫依靠声音来寻找伴侣。蝗虫的歌唱不是为了给我们人类创造夏日之声，而是为了给这只绿色的小动物找到一位女友。因为通常是雄性向雌性发出呼唤，这跟热情四射的歌鸟往往是雄鸟是一个道理。如果你在南方地区听到过蝉制造的震耳欲聋的音墙，那么记住，如果雌性加入进来，音量还得翻倍，但正如一则古希腊谚语所说："上天眷顾知了啊，因为它们的老婆不说话。"在现代社会，我们可能会发现这番说辞颇有争议，就让我补充一点：雌性把嘴巴闭紧是颇为明智的。为爱痴狂的同类不是唯一被歌声吸引过来的：可怕的寄生虫在聆听着，潜伏着，等待着，接着悄悄降临，在独唱的歌者身上产下一枚小小的卵。尽管这歌者看起来相当无辜，但这就是它的末日了。卵会孵化成一只饥饿的幼虫，从内到外将蝉吃个干净。就点到为止，不多说了。

昆虫的耳朵长在各种稀奇古怪的部位，却很少长在头上。它们可能长在足上、翅上、胸部，或者腹部，有些蛾子的耳朵甚至长在嘴上！昆虫的耳朵有很多种类型，即使它们都是 XXXS 号，有些也还是精巧得不可思议。有种类型是一张振动的膜，像一面小鼓，每当空气中传来的声波到达它这里时，鼓面就会振动起来。这与我们的内耳不无相似之处，只不过是一个简化的迷你版。

昆虫还可以通过连接到细毛上的各种感器来感知声音，这些毛可以感受振动。蚊子和果蝇（fruit fly）的触角上有这类感器，而蝴蝶幼虫则可能全身都遍布着感觉毛，它们用这些感觉毛听声音、触摸和品尝味道。有些耳朵能从很远的地方感知到声音，而其他的只在很短的距离内才管用。有时很难说"听觉"到底是什么。比如，当你从自己栖身的草茎上感受到振动的时候，你是在听还是在触摸呢？

　　如果你体形很小，你可以用扩音器来增大你的声音——就像被人们称为报死窃蠹（*Xestobium rufovillosum*）的昆虫那样。过去人们认为它们发出声音是死之将至的预警，但真实的情况要乏味得多。这些甲虫的整个幼虫阶段都在腐烂的木制品中度过，通常是在房屋的梁柱里。在成虫阶段，这些甲虫单纯靠用头撞墙来为自己寻找伴侣。这种声音会有效地通过木制品传播，甲虫和我们人类都能听到。这样重复的撞击使人联想起嘀嗒的钟表，又或许更像是有人在不耐烦地用手指敲打桌子。根据古代的迷信说法，这些声音意味着有人行将就木：这是为一个人生命的最后时刻倒数计时的钟，或者是死神在焦躁地等待着，发出的不耐烦声音。更有可能的是，人们更容易在夜晚寂静的房中听到这些声音，也许这时他们正守在弥留之人的床边呢。

拉响世界上最小的小提琴

　　还有其他昆虫的声音，即使在朗朗白日，我们也能清楚地听到，比如蝉的鸣唱。即便如此，蝉仍然不是世界最吵闹昆虫大赛的赢家。考虑到体形大小，一种仅有 2 毫米长的水生昆虫才是最有可能拿走大奖的。因为划蝽（water boatman）科中一部分种类的雄性会竞相通过音乐来博取雌性的注意。但当你只有粗磨胡椒粒大小时，又该怎样为自己的心上虫奏响小夜曲呢？小小的划蝽是通过弹奏自己来完成这件事的，它们以自己的腹部为弦，以阴茎为琴弓。

几年前，一队科学家架起了水下麦克风来记录法国雄性划蝽的歌声——这是史上对这首小夜曲的第一次盗录。好一首别具一格的流行金曲！科学家相信他们能够证明，在发声这件事上，这些长着能拉琴的阴茎的小生命突破了所有理性的界限。一只体长仅有 2 毫米的小动物发出了平均不低于 79 分贝的音量：在陆地上，这相当于一列货运火车从大约 50 英尺外开过的声音。

这看起来几乎超出了一切可能，或许事实上也并不是真的，因为比较水下的声音和空气中的声音是一项复杂的工作。也许最终我们会发现划蝽并不是世界上嗓门最大的昆虫，但它能用自己的阴茎来拉琴——喏，这是你抹杀不了的事实。

脚底下的舌头

想象一下，你能够在炎炎夏日赤脚穿过森林，并且在踩到灌木丛中的蓝莓时实实在在地品尝到它们。这就是家蝇（housefly）所做的事情——它们用脚来品尝味道。而且家蝇的感官灵敏得不可思议，它们的脚比我们的舌头对糖敏感一百倍。

作为一只苍蝇，除了是最不受欢迎的生物之一，还有几个不利之处。它们没有牙齿或者其他任何能够让自己吃到固体食物的装备，这注定了它们只能永远吃流食。所以当一只可怜的家蝇落在某些美味，比如你的面包片上时，它要怎么做？呃，它会用肚子里的消化酶把食物变成糊糊。为了做到这件事，苍蝇必须把自己的一些胃液反呕到食物上，这对咱们人类来说可不怎么好，因为这意味着苍蝇上一顿饭里的细菌——可能远非我们归类为食物的东西——或许最终会来到我们的面包片上。但这对苍蝇来说棒极了，它现在可以把食物吸食干净。家蝇的嘴像是一个安在短柄上的海绵吸尘器头。整个吸尘器头连接在它头上的某种泵上，这个泵可以产生吸力，使苍蝇吸起美味又营养的汤汁。

家蝇糟糕的餐桌礼仪，和包括像动物粪便这种东西在内的多样化食谱，就是它们传染疾病的原因。苍蝇本身并不危险，但就像用过的注射器一样，它们能够携带传染物，并将其传递给我们。

现在想想，幸好我们人类是用舌头品尝味道，而不是用脚。蓝莓灌木丛是一回事，但想着整个冬天都在边走路边品尝着鞋窠里的味道，那可没有多令人心动。

多面虫生

　　昆虫的感官适应着它们的环境和需求。这边蜻蜓和苍蝇需要好眼力，那边穴居昆虫却可能是全盲的。与花朵发生近距离接触的昆虫，比如蜜蜂，还能看见色彩，但它们的颜色光谱上移，所以看不见红色光。可它们能看见紫外线，这和我们人类不一样。这意味着很多被我们看作单色调的花，比如向日葵，在蜜蜂眼里却有着与众不同的花纹，常常是宛如"降落跑道"，引导它们去往花中蜜源。

　　昆虫的复眼由很多小眼构成。昆虫的脑会将所有这些小小的图像整合成一张大图像，尽管会比我们人类看到的世界更粗糙、更模糊（看起来有点像电脑屏幕上的低分辨率照片放得太大的样子）。昆虫拿不到驾照的原因多的是，但视觉是很重要的一条：它们永远不可能在 20 米外看清一块路牌，因为图像太模糊了。话虽如此，它们的视觉却非常适合完成每一天的任务。举个例子，比如豉甲（whirligig beetle），一种在湖面上飞快地游来游去的闪亮的黑珍珠般的甲虫。它们有两对折射角不同的眼睛：一对是为了看清水下，这样它们就可以警惕饥饿的鲈鱼，而另一对则是为了看清水上，这样它们就可以在水面上找到食物。

　　昆虫同样可以看到一种我们人类视而不见的财宝：偏振光。这与光在哪个平面上振动有关，当阳光在大气层中，或者在水这样的光亮表面被反射时，它就会变化。但咱们还是少说点物理，只说说昆虫用偏振光做指南针来为自己定向这件事。只有戴上一副偏光太阳镜来减轻反射光的炫目时，我们人类才会与偏振光扯上关系。

　　除复眼之外，昆虫还可能有分开的单眼，主要功能是区分光和暗。下次遇到胡蜂时，好好看看它的眼睛，注意观察除了头两侧的复眼，它额头上是怎样长着排成规整三角形的三只单眼的。

世界上技艺最高超的猎人看到了你、你和你……

　　说到视力能够适应日间活动的昆虫，蜻蜓独具一格：其视力是它们被视为世界上最有效率的捕食者之一的主要原因。

　　狮子在意气风发地捕猎时可能会展现出令人印象深刻的丰姿，但事实上，它们每四次才能成功捕获猎物一次。即使是咧开嘴巴，露出300颗令人胆寒的牙齿的大白鲨，在所有的攻击尝试中也有一半会失败。然而蜻蜓却是一位出类拔萃的致命猎手，至少有95%的捕食都是成功的。

　　蜻蜓成为技艺如此高超的猎手，部分原因在于它们无与伦比的飞行能力。它们的四只翅膀能够彼此独立地运动，这在昆虫世界并不常见。每只翅膀都由几组能调整频率和方向的肌肉来提供动力。这就让蜻蜓既能向后飞，也能上下翻飞，还能在空中从悬停不动切换到最大速度为约每小时56公里的风驰电掣。难怪美国军队在设

计新型无人机时以它们为模型。但它们的视力同样为成功捕食做出了重要的贡献。当它们的整个头都由眼睛构成的时候，拥有好视力可能没什么好令人惊讶的。事实上，蜻蜓的每只眼睛都由约30 000 只小眼组成，它们既能看到紫外线，也能看到偏振光，还能看到颜色。由于这些眼睛像球一样，蜻蜓能看到身体周围所发生的大部分事情。

它的脑也是为超强视力准备的。我们人类在看一连串快速播放的图像时，如果每秒超过 20 帧的话，我们看到的是连贯的动作，是一段影片。然而，蜻蜓每秒能够看到多达 300 张不同的图像，并解读其中的每一张。换句话说，给蜻蜓发电影票是很大的浪费。你我看到的一部电影，它只会看到一段放映得很快的幻灯片—— 一长串彼此独立的照片或者一帧帧画面。

蜻蜓的脑同样能够慢慢聚焦在它所接收到的巨量视觉信号中特定的一段上。它们有一种未在别的昆虫身上发现的选择性注意。想象你正在坐船横渡海洋，看到前面有另一艘船，与你之间呈一定的角度。如果你确保那艘船可以一直停留在你视野中的某一个角度，那么你们最终会相遇。相似地，蜻蜓的脑能将注意力锁定在逐渐靠近的猎物上，调整速度和方向来确保命中——又一场成功的捕猎。光靠设计精巧的感官是不够的，你还需要一个脑，能够处理所有一拥而入的信息，找出相关的模式和关联，并且将正确的信息再次传递到身体的不同部位。虽然昆虫的脑都很小，我们却能看到它们比我们以为的聪明多了。

去蚂蚁那儿看看，学聪明点

卡尔·林奈，那位给我们人类这个物种做出了分类的伟大的瑞典生物学家，将昆虫单独放在了一个类群里，部分原因是他相信它们根本没有脑。也许那并不是很令人惊讶，因为如果你把一只果蝇的头揪掉，它还是能近乎正常地活上好几天，能飞、能走、能交配。当然，最终它会饿死，因为没有嘴就意味着没有食物。昆虫能在没有头的状态下存活的原因就在于它们不仅在头部有一个主脑，还有一条贯穿整个身体的神经索，神经索的每个节点上都有"迷你大脑"。因此，不管脑袋在不在，很多功能还是能行使的。

昆虫有智力吗？呃，这取决于你所说的智力是什么。根据门萨高智商俱乐部的理论，智力是"获取和分析信息的能力"。这时，恐怕没人会再主张说昆虫有资格成为高智商俱乐部的成员了，但事实上，它们的学习能力和判断能力总是能带给我们惊喜。有些事情我们原本认为是真正拥有大脑的大型脊椎动物的专利，结果也在我们这些小小朋友的能力范围之内。

但并不是所有的昆虫都生而平等，它们之间存在着巨大的差异。那些生活单调、栖境简单的昆虫是最不灵光的。如果你大半辈子都只是安逸地窝在动物的巢穴中，把用来吸血的吻部扎进一条血管里，那你确实不需要所罗门的智慧。然而，如果你是一只蜜蜂、胡蜂或者蚂蚁，那就需要更多的智力了。最聪明的昆虫是那些在很多不同的地方寻找食物，并且彼此之间形成紧密联系的；换句话说，就是那些与很多其他个体一起生活在一个社群里的。这些小动物必须不断地做出判断：那边那个黄黄的东西是藏有甘甜花蜜的花朵，还是一只有点饿了的蟹蛛？我能否独自把那根松针抬走？还是需要我们几个一起？我需要喝一口这个花蜜给自己续航，还是应该把它带回家给妈妈？

社会性昆虫会进行分工，分享经验，还会用一种先进的方式来"互相交谈"。这需要思考能力。引用查尔斯·达尔文在《人类的由来》中的话："蚁脑乃是这个世界上的最不可思议的物质原子之一，也许比人脑更加不可思议。"他说这句话时还不知道我们现在所知道的：蚂蚁能够向其他蚂蚁传授技能。

长久以来，教学能力一直被视为我们人类所独有的，这几乎是先进社会的明证。有三条具体标准可以把教学和其他交流区别开来：必须是一种仅在老师遇到一个"无知"的学生时发生的活动，必须包含老师的付出，必须让学生比自己摸索学习得更快。这个术语被用于交流概念和策略，因此蜜蜂的舞蹈一般不被看作教学行为——它更多是关于过程。然而，人们发现蚂蚁能够通过一个叫作"前后跑"的过程，教给其他蚂蚁一些技能。在这个过程中，有经验的蚂蚁为其他蚂蚁指明通往食物之路。这种情况出现在一种欧洲蚂蚁——白翅切胸蚁（*Temnothorax albipennis*）身上，它依靠树、石头等地标，还有气味线索，来记忆从蚁丘到一个新的食物来源的路线。为了让多只蚂蚁都能找到食物，一只知道路的雌蚁（所有工蚁都是雌性）必须教会其他蚂蚁找路。老师跑在前面带路，但要不时停下来，等它那个因为要花时间记路标，所以跑得慢一些的学生。当学生再次准备好时，它会用触角去碰老师，然后它们就继续踏上旅程。这种行为无疑满足了"真教学行为"的三大标准：这项活动只出现在老师遇到一个"无知"的学生时，包含着老师的付出（它必须停下来等待），而且让学生比自己摸索学得要快。

熊蜂最近也被正式吸纳进了这个能够将技巧教给同类的高级生物团体。瑞典和澳大利亚的科学家成功地训练了熊蜂通过拉绳子来得到花蜜。他们制作了塑料盘形状的蓝色假花，在里面灌上糖水，再盖上一张透明树脂玻璃板，这样熊蜂得到糖水的唯一办法就是去拉那根系在假花上的绳子。如果科学家只让未经训练的熊蜂自由对待这些被盖住的花，它们就什么也不懂：没有一只熊蜂会拉绳子。这是个很好的起点。接下来，熊蜂得到一个熟悉这些"花"的机会，了解到自己能收获什么奖赏。渐渐地，这些假花在透明树脂玻璃板下面被推得越来越远。当假花终于被完全推过去时，40只熊蜂中有23只开始拉动那根绳子。用这个办法，它们把假花拖了出来，可以吸光那些糖水了。诚然，这是漫长的一课：整个过程中，每训练一只熊蜂要花上整整5小时。

下一步是看看这些受过训练的熊蜂能否将自己的特殊技能教给其他熊蜂。有3只熊蜂被选为"老师"，未经训练的新熊蜂和它们一起被放在一个靠近假花的透明小笼子里观察和学习。25个"学生"中的15个通过观察"老师"是怎么做的抓住了要领，之后它们在得到机会时，也成功地拉出了奖赏。总的来说，这个实验既说明熊蜂能够学会这个绝非与生俱来的技能，也说明它们能够将这个技能教给其他熊蜂。

聪明的马儿汉斯和更聪明的蜜蜂

德国的神马汉斯是 20 世纪初的世界明星。它不仅会数数，还会计算——人们可能是这么以为的。这匹马会做加减乘除。它用前脚踏地的方式来回答算术问题，而它的主人——数学教师威廉·冯·奥斯登，相信这匹马与他本人一样聪明。最后人们才发现，原来汉斯根本不会计算，甚至也不会数数。话虽如此，它仍然是一个阅读提问者肢体语言和面部表情中的微小信号的能手。出题的人自己也得数，以此确定汉斯给出的是正确答案，而他在马儿数到正确的数字时发出的一个下意识的小信号，就是汉斯所需要的全部。事实上，即使是最终揭穿汉斯的那位心理学家也没法控制这些信号。

然而，根据最新的研究结果，蜜蜂可是实实在在地会数数的。它们数不了太多，而且进行四则运算的能力也不比汉斯强。即便如此，对一个脑只有芝麻粒大小的生物来说，这仍然是一项了不起的成就。为了观测这一现象，蜜蜂被放在一个隧道里接受训练，不管得飞多远，经过一定数量的地标之后，它们就会得到奖励。结果人们发现，蜜蜂最多能够数到四，而一旦它们学会了这种技能，那么即使是遇到从没见过的新型地标，它们也能数出来。

而且蜜蜂不只擅长数学（呃，考虑到它们的体形，能数到四已经很不错了），它们同样长于语言。

研究蜜蜂跳舞的人

差不多在冯·奥斯登和他那匹并没有多聪明的马生活的同一时期，一位未来的诺贝尔奖得主正在邻国奥地利长大。还是个孩子时，卡尔·冯·弗里施就很喜爱动物，而他的母亲一定极有忍耐力，因为她准许他把五花八门的野生生物带回家当宠物。整个童年时期，他在日记中记录了129种不同的宠物，包括16种鸟，20多种蜥蜴、蛇和蛙，还有27种鱼。后来，作为一名动物学家，他对鱼和它们的色觉尤其感兴趣。但几乎是很偶然的，他转而研究蜜蜂了——很大程度上是因为他的水生研究对象们在前往大会的路上，不幸显示出了阵亡的迹象，而他本来是要用它们来演示他的实验的。

卡尔·冯·弗里施有两项重大发现：他证明了蜜蜂能看见颜色，以及它们能跳一种复杂的舞蹈，告诉彼此哪里能找到食物。这就是让他赢得1973年诺贝尔奖的研究。冯·弗里施阐明，当一只蜜蜂找到一处丰富的蜜源时，它会回家找其他蜜蜂，告诉它们花朵在哪儿。它跳的是一种8字舞，在舞蹈中做直线移动的时候，它会摇摆尾部，振动翅膀。舞蹈速度传达的是到花朵的距离，而它相对于垂直线的跳舞方向，则描述了花朵相对于太阳的方位。

今天，蜜蜂的舞蹈语言是动物交流中被研究得最深入，也是被了解得最全面的案例之一，但是历史差点发生完全不同的走向。在希特勒时期的德国，这项研究几乎是刚刚开始就陷入了停滞。在20世纪30年代，卡尔·冯·弗里施还在慕尼黑大学工作时，希特勒的支持者们翻遍了大学雇员的花名册，想要将犹太员工清除掉。当冯·弗里施的外祖母被证实是犹太人时，他被开除了。但他被一种小小的寄生虫——一种引发正在将德国的蜜蜂消灭殆尽的疾病的寄生虫——给救了。蜂农和同事努力说服纳粹领导层：如果德国蜂农想要得救，冯·弗里施未来的研究是至关重要的。这个国家正在打仗，急需农场能够生产的一切食品，蜜蜂种群的崩溃是不堪设想的。因此，冯·弗里施得以照常继续他的研究，蜜蜂的知识和冯·弗里施的事业都得以进一步发展。

我见过那张脸

长久以来，我们相信只有哺乳动物和鸟类才有能力辨别不同的个体，这是建立个人关系的能力之基础。这种想法一直持续到一位寻根究底的科学家在一些飞机模型涂料的帮助下给蜂类画脸为止。受试的物种是暗马蜂（*Polistes fuscatus*），马蜂亚科的一个美国成员。马蜂用嚼碎的木纤维建造巢穴，看起来就像一朵由小小幼虫室构成的蔷薇花饰。巢穴挂在一个柄上，像一把倒过来的雨伞。与同样用木纤维造巢的普通胡蜂不同的是，马蜂巢在幼虫室的巢脾①周围没有保护性的罩子。

这种马蜂生活在一个等级森严的社会里，因此知道谁是老大是很关键的。也许这就是它们这么擅长认脸的原因。一只马蜂的脸被涂抹过，条纹布局发生了改变，结果它在回到巢里时遭到了同巢伙伴的侵犯性对待。它们不认识它，对此感到很困惑。作为对照，科学家们也涂抹了其他马蜂，但没有改变它们的花纹。这些马蜂在回巢时就没有感受到任何异样。

另一个令人着迷的点是，在几小时的推推挤挤之后，巢里的其他居民习惯了面部被涂抹的马蜂的新模样。侵犯停止了，一切都回归了正常。其他马蜂明白不管脸画成什么样，这其实还是以前的艾拉大姐。这表明马蜂事实上有能力通过具体的面部特征或者说"容貌"，来识别和区分社群中的各个成员。

蜜蜂将整件事情提升了几个档次：它们能区分肖像照片中的人脸。而且，对熟悉的脸，它们至少能记住两天。蜜蜂是否理解自己实际看到的东西，这很值得怀疑。它们似乎相信展现在自己面前的肖像其实是模样搞笑的花朵，脸的轮廓是"花瓣"，而眼睛和嘴这些较暗的部分则代表"花瓣"上可识别的图案。

---

① 由许多连接在一起的六角筒状的蜡质巢房所构成。

　　这是一条令人兴奋的新信息，它使我们重新思考面部识别真正的工作方式：毕竟，我们说的是一种脑子比这本书里的一个字母"o"还小的生物，这种生物能够做到和我们这些脑袋有菜花大小的人类相似的事情。更好地理解这些识别过程，也许能帮助那些患有脸盲症（面部失认症）的人。那是一种神经失调，特征就是无法识别面部。

　　也许这项知识同样可以被用在监控上——比如机场。不是安装一玻璃箱嗡嗡嗡的蜜蜂，让它们在我们过海关时一丝不苟地查看我们（尽管这会相当酷！），而是把蜜蜂识别面部图案的原理转化成一种电脑能够遵循的逻辑。这有望改进自动人脸识别技术——比如说，通过人流密集处的监控摄像头识别通缉犯。

我们应该管甲虫叫什么？
名字和昆虫类群

　　在试图给大群的微小动物分类时，我们人类根据亲缘关系的远近将它们分成了类群。这是一个精巧的系统，最开始是界，然后分为门和纲，再接下来分为目、科和属，最后才是种。

　　以普通黄胡蜂为例，它属于动物界，节肢动物门，昆虫纲，膜翅目，胡蜂科，黄胡蜂属，最后是普通黄胡蜂这个种。

　　所有物种都有一个包含两部分的拉丁文名字，以斜体书写。第一部分告诉你这个物种属于哪个属，而第二部分表示这个物种的身份。这个由瑞典生物学家卡尔·林奈在 18 世纪提出的体系让其他生物学家更容易确定他们谈论的是同一个物种，即使是在跨越国界、跨越语言障碍的交流当中。普通黄胡蜂被赋予了 *Vespula vulgaris* 的学名。你往往可以理解拉丁名的含义：比如，*vulgaris* 的意思是"普通"（也是 vulgar 一词的来源）。

　　有些时候，拉丁名可以告诉我们关于昆虫外貌的一些信息，比如黑窄花天牛（*Stenurella nigra*），*nigra* 描述的是这个纯黑物种的颜色。其他时候，名字可能是从神话里借用的，就像美丽的孔雀蛱蝶（*Aglais io*）的名字。Io（伊俄）是宙斯的情妇，木星的一个卫星也借用了她的名字。

　　需要命名的昆虫有成千上万种，于是昆虫学家们有时会自由发挥，用自己最喜欢的艺人的名字来给物种命名，比如碧昂丝[①]牛虻（*Scaptia beyonceae*），或者用喜爱的电影中的角色，比如楚巴卡[②]狭额短柄泥蜂（*Polemistus chewbacca*）、维德狭额短柄泥蜂（*P. vaderi*）和尤达狭额短柄泥蜂（*P. yoda*）。有时候，物种的名字里包含着双关语，你只有大声说出来才会发现。试试念出球蕈甲 *Gelae baen* 和 *Gelae fish* 的名字，还有茧蜂 *Heerz lukenatcha* 和它的近亲 *Heerz tooya*！

---

① 美国女歌手，生于美国得克萨斯州休斯敦。
② 电影《星球大战》中的人物，下文提到的维德和尤达也是电影中的人物。

目的次序

　　世界上大概有 30 个不同目的昆虫。甲虫、蜂类及其亲戚、蝴蝶和蛾子、蝇蚋及其亲戚，还有蝽类是其中最大的 5 个。其他的目包括蜻蜓、蟑螂、白蚁、直翅目（蝗虫和蟋蟀）、石蛾、石蝇、蜉蝣、蓟马（thrip）、虱子和跳蚤。

　　我们还是从甲虫（鞘翅目）开始吧，这是昆虫世界最大的目之一，尽管它面临着来自蜂类的激烈竞争，因为知识的进步，蜂类所属目的物种数稳步上升。甲虫坚硬的前翅是它们的标志，构成了覆盖其后背的保护性外壳。除此之外，甲虫的外貌和生活方式千差万别，令人觉得不可思议，而且在陆地和水中都能被找到。甲虫有超过 170 个不同的科，其中最大的一些有象甲、金龟、叶甲、步甲、隐翅虫、天牛，还有吉丁虫。总的来说，全世界有大约 380 000 种已知的甲虫。

　　蜂类的目（膜翅目）由蚂蚁、蜜蜂、熊蜂和胡蜂等我们熟悉的昆虫构成，包括很多社会性的物种，它们居住在包含大群雌性"工人"和一只或多只王后的群落里。这个目还包含一些名气较小的叶蜂，以及巨量的寄生蜂物种。到目前为止，我们已经为这个目中的 115 000多个物种确认了身份，但这个数目还在持续上升，它很可能是昆虫中最大的目。

　　蝴蝶和蛾类（属于鳞翅目）拥有表面覆盖着覆瓦状小鳞片的翅膀。世界上有超过 170 000 种鳞翅目昆虫，但很多都很小，一点也不起眼。最出名的当然是蝴蝶了——包括约 14 000 种大型昼行性（与夜行性相对）物种，通常拥有美丽的色彩和花纹。夜行性的物种被称为蛾子。

蝇虻，或者说双翅目，不仅包括我们通常称为蝇和虻的物种，比如丽蝇和牛虻，还包括蚊子、菌蚊（gnat）和大蚊（crane fly）。双翅目的拉丁文名字 diptera 来自它们只有两只翅（di 的意思是二，ptera 的意思是翅）的事实，而正如前文提到的那样，昆虫一般都有四只翅。双翅目昆虫的后翅变成了棒状的小装置，拥有了帮助它们在飞行中保持平衡的功能。在世界范围内，我们至少知道 150 000 种双翅目昆虫。

相对来说，多数人对蝽类（true bug）所在的目（半翅目）不太熟悉，即使它包含 80 000 多个物种。这个类群包括各种样貌各异的昆虫，比如盾蝽、蝽、臭虫（bedbug）、鼋蝽、蝉、蚜虫和介壳虫（scale insect）。它们都拥有喙状的嘴巴，可以用作吸管来吸取食物——往往是植物的汁液，有些还能捕食或吸血。因此，尽管我们通常用"bug"（虫子）这个词来形容任意一类微小的动物，但是真正的蝽类是一个专门的昆虫类群。

这样你就知道了：蜘蛛不是昆虫。它们属于同一个门——节肢动物，但蜘蛛属于另一个纲——蛛形纲，它们与其他像螨（mite）、蝎子和盲蛛（在挪威语里叫作"纺织婆"，因为它们移动八条腿当中的两条腿时，就像推着梭子来回穿过织布机）这样的生物同属于此纲。

马陆、蜈蚣和潮虫也不是昆虫。举个最简单的特征，它们的足都太多了，属于无脊椎动物中的各种其他类群。尽管有六条腿，萌度爆表的跳虫（springtail）却不是昆虫，虽然它们相当近似于昆虫。话虽如此，昆虫研究者们可是繁盛的多足动物群体的忠实粉丝，因此当我们谈论昆虫的时候，跳虫和蛛形动物还是常常被允许进入这个圈子。本书也是如此。

六足之性
约会、交配和照顾后代

昆虫作为一个动物类群的巨大成功该归因于什么呢？为什么它们的物种如此丰富？为何它们的数量如此之多？简单地说：因为它们小巧、灵活、性感。

我们星球上的生命，大小范围跨越 10 多个数量级——从支原体细菌（以纳米 ① 来度量）到加利福尼亚能长到超过 100 米高的巨型红杉。昆虫出现在其中的 6 个数量级，全都在较小的那半段：从无翅的雄性缨小蜂——比人类头发的横截面还小，到和你小臂一样长的竹节虫。换句话说，大多数昆虫都很小，因此它们只需要很小的一块地方就能躲避天敌，还能开发大型生物不感兴趣的资源。

昆虫同样灵巧得令人难以置信——就它们的灵活性和适应性而言。它们的翅使得它们可以分散到相对于其体形来说面积极大的区域，而它们对于空域三个维度的熟练掌控让它们能接触到更多的营

---

① 1 纳米合 10^{-9} 米。

养来源。大多数昆虫的幼期是在与成年期完全不同的身体形态中度过的，这意味着它们能在生命的不同阶段利用完全不同的生境和食物来源——幼体不会与成虫争夺食物。

最后，同样重要的一点是，昆虫有着令人震撼的繁殖能力。当上帝说"要生养众多，遍满地面，治理这地！"（《创世记》1：28）的时候，一定有一只趴在墙上的苍蝇以为上帝是对自己说的。听听看：找两只果蝇，把它们放在理想的生存条件下一年，会产生 25 代果蝇。每只果蝇母亲会产下 100 枚卵。假设它们都会生长到成虫阶段，且其中有一半是雌虫，这些雌虫再进行交配，并产下 100 枚卵。等到这一年结束，你会得到第 25 代，光是这一代就会有将近 10^{42} 只可爱的红眼小果蝇。10^{42} 这个数就是一个 1 后面跟着 42 个 0。为了让这幅画面更直观，想象一下把这些果蝇紧密地排列在一起，能排多密就排多密，形成一个巨大的果蝇球。你会得到一个直径超过地球与太阳之间距离的球体！这些昆虫有如此多的天敌是件好事，不然，地球上就不会有任何空间留给我们人类了。

很幸运（我们可能会说），昆虫的大多数卵连成虫生活的一点影子都瞥不到。大部分昆虫在远未成家的时候就会饿死，被吃掉，或者以其他方式死去。这是一场残酷的拼杀。随着时间的推移，一个惊人的适应范围就形成了，尤其是涉及择偶和繁衍时。在本章中，我们来看看其中的一些昆虫。

雄虫的五十种怪招 [1]

昆虫的感官在它们寻找伴侣的过程中发挥着举足轻重的作用，而这个过程中的竞争是十分激烈的。即使小伙遇见了姑娘，这场斗争也远未结束。恰恰相反，它几乎还没开始，因为如何将它们的遗传物质尽可能多地传递下去这个问题，在雌性和雄性身上有着不同的答案。举个例子，雌性在短期内与多个雄性交配的情况并不鲜见，而雄性则对此忧心忡忡，因为这意味着它的精子面临竞争。其结果就是，许多昆虫配备了瑞士军刀般复杂的雄性生殖器，刮刀、长勺、羹匙……各种富有想象力的形状一应俱全。目的呢？就是要把捷足先登的那些雄虫的精子一扫而光。

假如先前的雄性采取了另一种把戏——把雌性的生殖腔开口堵住的话，这套工具也能派上用场。男一号的思路是自制一条贞操带，让雌性不能再次交配。这种伎俩并不总能奏效，因为男二号只需要用自己的刮刀、叉杆和钩子，就能把塞子拔掉，让自己的小家伙一亲芳泽。点点烛光、款款爱抚什么的都歇歇吧！

雄性施展的另一种把戏，是确保自己的精子尽可能多地传递给雌性，并尽量确保它没有时间应付其他雄性。做到这一点，靠的是

---

[1] 此处英文标题为 "50 Shades of Strange"，因情色电影《五十度灰》(*Fifty Shades of Grey*) 而有此戏称。——译者注

尽可能地拉长交配过程。有些物种将这一点做到了极致——稻绿蝽（*Nezara viridula*），它能够保持交尾整整 10 个昼夜。这个物种已经扩散到了全世界，甚至偷搭在进口食品上到了英国。而这与印度冥蝽相比仍然不算什么，后者据说曾经在一场纯娱乐性质的坦陀罗式性爱中，丧心病狂地痴缠了 79 天！

除了进行长时间的交配，雄性还会密切监控交配之后的雌虫。你有没有见过蜻蜓的近亲——那些小小的蓝色豆娘（damselfly），成对地停在枝头或者飞在空中？有时，这些出双入对的小生灵看起来像个心形——但这与人类的任何浪漫观念都毫无瓜葛。这种串联体位的唯一目的就是让雄性能够盯住雌性，保证它在将它们双方的受精卵（雄性所希望的）产在合适的水生植物上之前，不会与任何情敌交配。

这些高标准、严要求的竞争环境，使得保持装备精良变得至关重要。微小的二叉果蝇（*Drosophila bifurca*）就是一种拥有完美无瑕装备的昆虫。这种小昆虫是你家厨房里让人抓狂的那种果蝇的近亲，它骄傲地保持着世界最长精子的纪录——将近 6 厘米长，比这种生物本身长 20 倍。换到人身上，这相当于拥有和手球场一样长的精子！这哪有半点可能呢？

答案是，整个精子主要是由一条盘卷成球的细细的尾巴构成的。精子的放大照片看起来有点像小孩子做晚饭，结果忘了往炒意面的锅里放够水的样子。那么，这有什么用？长长的精子是果蝇生殖系统中媲美尤塞恩·博尔特[1]的那一部分：最长的精子能够击败较短的精子，更有可能在让卵子受精的赛跑中胜出。

既然我们生活在生物怪杰的王国中，那就别想躲开臭虫——这些躲藏在全世界公寓和旅馆的墙缝和床铺中的吸血无赖了。当黑夜降临，它们就会逦迤而出，趁你熟睡之际，将吸血的喙管刺进你的身体。它们是你绝对不想带走的那种假日纪念品，但事实上，臭虫是一个日趋严重的问题，全球皆然。部分原因是我们频繁地旅行，但主要原因在于臭虫已经对那些最常见的杀虫剂产生了抗药性，那些药再也杀不死它们了。

言归正传，这部分的重点在于，某些蝽类物种的雄性，包括臭虫，会跳过任何前戏之类的步骤；它们甚至不会费事地寻找雌性的生殖腔开口，而是直接把自己的性器官刺进它的腹部，让精子自己找到从刺孔到卵细胞的路。这常常会让雌性受伤，使它不能再与任何其他伴侣交配。雄性试图通过这种方式保证自己成为它孩子的父亲。即便如此，雌性还是在自己的腹部上——雄性最常刺破的地方，演化出了一片强化区域，限制了自己受伤的程度。这勾画出了一个重要的事实：性别的战争包括两大作战方，从进化的角度来看，两种性别都在为自己的优势最大化而奋战。

---

① 1986 年 8 月 21 日生于牙买加特里洛尼，牙买加短跑运动员、足球运动员，是 2008、2012、2016 年奥运会男子 100 米、200 米冠军，此处用于比喻精子速度之快。

女士们的选择

　　早期的昆虫研究者几乎全是男的，他们可能会倾向于从男性视角审视一切。话虽如此，事实却是现代研究反而提供了更多雌性昆虫努力提高自身利益的事例。

　　其中一个事例是一旦交配完毕，某些雌性就会直接狼吞虎咽地吃掉雄虫。这在昆虫的远亲——蜘蛛身上最为常见。比如美洲的狡蛛①（fish spider）雄性，就会死在交配途中。这是因为它的性器官会在输送完精子之后爆掉。（或者用枯燥的科学术语来说："我们观察到，交配导致强制性的雄性死亡和生殖器损毁。"）然后它就被吃了——为了孩子们。尽管它的心上蛛是一个体重14倍于它的胖妞，但它那小小的身体仍不失为一顿有用的蛋白进补餐。当你在为产下几百枚蜘蛛卵做准备的时候，一点小小的加餐也是不无裨益的。

　　螳螂同样因性交中的同类相食现象闻名于世。即便如此，野外研究还是揭示出，比起在人为的实验室条件下交配，雄性螳螂在自然环境下交配时，没那么容易登上晚餐菜谱。然而，昆虫母亲有的是锦囊妙计：原来它能够偷偷地左右哪位雄性最终成为它孩子的父亲。这里面有许多机制起了作用。精子通往卵子的征途更像是一场障碍赛，而不是在平静的水面轻轻一点那么简单。由于精子被储藏

---

① 狡蛛属分布很广，物种也很多。这里指的是该属中分布于美洲的那些物种。——译者注

在雌性体内一座特殊的"精子银行"的现象很常见，所以到了后面真正让卵子受精的阶段，它就有好几种办法来决定哪个精子要保留，哪个精子要使用。

有位科学家进行了一场机智中带点残忍的实验来说明这一点。她把一堆拟谷盗①（flour beetle）分成了两群，对一半雄虫进行了饥饿处理，让它们看起来像是基因质量低下的残次个体。对于雌虫，科学家则简单粗暴地杀掉了一半，这样它们就不会影响实验结果了。当科学家将甲虫放在一起时，挨饿和吃饱的雄虫都立刻与活着的和刚被处死的雌虫进行了交配，两种雌虫的数量是相等的。现在是真正的闪光点了：科学家发现，在死去雌虫体内的精子库里，饥饿的劣质雄虫和饱食的优质雄虫的精子量恰好相等。而在活着的雌虫体内，优质雄虫的精子却要多得多。这表明雌虫采取了积极的措施去控制整个过程，确保强壮的高质量雄虫成为自己孩子的父亲。

没有男人的生活？

如何确保"代代相传"？这个难题的解决方法多的是，而大多

---

① "flour beetle"这个概念实际包括拟步甲科拟谷盗属和拟步甲属中的共5个物种。我们最常见的是拟谷盗属的赤拟谷盗和拟步甲属的黄粉虫。——译者注

数方法都有相应的几个昆虫实例。既需要雄性，也需要雌性参与的有性生殖是最普遍的——在昆虫当中也是如此。但是很多昆虫能够选择单身生活，而且依然能够延续自己的血脉。事实上，有几种昆虫是处女生子的周期性践行者。举个例子，在春天，雌性蚜虫能够用这种方法在你的蔷薇丛中快速有效地制造出婴儿潮。它们没有时间闲逛，也没有时间等待卵的孵化，便直接生出活的蚜虫宝宝——它们来自无须受精就能直接发育成新个体的卵细胞。这还不是全部：在有些蚜虫种类里，雌性就像俄罗斯套娃一样——怀着已经怀了新的雌性蚜虫的小蚜虫！

怪不得你的蔷薇丛生机勃勃！尽管没有男性存在，我们却不确定能否管这叫作"单身生活"。很快，同一丛蔷薇就没有足够的空间能装得下所有蚜虫了。在此之前，女士们还都是无翅的，但现在，是时候挤走几只有翅的雌性了，它们能够飞到邻近的灌木丛中，在那里继续大量繁殖。

当白昼变短，温度下降，秋天即将到来的时候，另一种改变又被触发了。蚜虫女士们转而生出雌雄两性。接着，这些蚜虫会交配，这一次，雌虫会产下卵——这是蚜虫活过冬天的唯一方法。它将卵产在一株合适的多年生植物上。当春天到来时，卵就会孵化出新的处女生子的蚜虫。游戏再次开场。

因此，如果一位蚜虫女士在短短一个季节里就能够成为比地球上的人类还多的女儿、外孙女、曾外孙女等唯一的祖先，说真的，为什么还需要雄性呢？如果所有个体都能产生后代，而不是只有半数能，产量岂不是更高？（更别提如果不需要为约会而担心，又会省下多少时间了……）

　　生物学家一直对为何多数动植物要有两种性别这一问题很感兴趣，而讨论仍在继续。处女生子的一个劣势是所有个体在遗传上都是相同的，一旦生态环境发生改变，物种的斡旋空间就变小了。因此，将两个个体的遗传物质混合在一起的有性生殖，成为促进遗传多样化、剪除有害变异的必要的好方法。拥有两种性别的另一个好处是它可以使物种依靠不同的策略：一种性别拥有数量少、个头大且营养丰富的性细胞——卵子，而另一种性别拥有数量多、个头小且能够活动的性细胞——精子。

女王万岁！

　　蚜虫并不是唯一一类生活在彻底由雌性主宰的社会中的昆虫。很可能你见过的每一只蚂蚁、胡蜂和蜜蜂都是雌性。即使有例外，也寥寥无几。

　　你记不记得《蜜蜂总动员》(*Bee Movie*)？那部关于巴里——一只厌倦了在蜂巢"工厂"工作的雄蜂——的电影？从生物学上来说，那部电影完全错了。就此而言，莎士比亚在《亨利五世》里描写蜂巢中的众多居民是如何被一只蜜蜂国王统治着的部分也一样是错的。蜂巢里的工蜂不是雄性，它们也没有被一位蜜蜂国王统治着。

在蜜蜂的世界里，女士们才是做出决定，并且承担所有重要工作的角色。所有的工蜂都是雌性，而它们的统治者是一位女王。那些雄性，也就是雄蜂，只能在秋季存活上一小段时间，也只有一个任务：与新女王交配。雄蜂甚至不用为自己采集食物，而是由雌性的工蜂来饲喂。

现在，也许我们能够原谅莎士比亚、梦工厂，以及其他在这个问题上错得离谱的人了，因为这个误解由来已久，很难弭除。古希腊人试着找出蜜蜂生活的奥秘，但所有事情就是对不上。毕竟，他们知道普通的蜜蜂是有蜇针的——女人当然不可能配备如此所向披靡的武器！如果这些脾气暴躁的蜇人蜂是女性，那么那些大个子、慢吞吞，甚至懒得去采集花蜜的个体一定是男性，而情况根本不可能是这样的，对吧？

直到 17 世纪晚期，显微镜被应用于解剖时，这种认知才可能建立：是的，不知疲倦、令人畏惧的工蜂和它们的君王全都是女性，而无所事事的则是男性。但还得再过 200 年，人们才能真正理解蜜蜂是如何来到世上的，因为没人目睹过蜜蜂的性行为。当时的主流理论是，那些雄性蜜蜂——愚钝呆滞的雄蜂，是在一段距离外，毕恭毕敬地参与整个过程的，它们是用"精子香氛"为女王远程授精的，这一称呼实在很有想象力。

只有到了 18 世纪晚期，人们才发现那些刚刚出去浪荡了一阵的蜜蜂女王在回巢时，生殖腔的开口上连着一个雄性的性器官。这是从一大群追求它的雄蜂中挑选出来的幸运赢家的残余部分。蜂王通常会与雄蜂群中的数个成员交配。它把所有的精子（多达1亿枚）保存在一个特殊的体内精子库中，余生凡有需要之时，就会一点点地取用它们。

然而对雄蜂来说，交配是它一生中要做的最后一件事。精子传输的实际过程不啻一场爆炸——威力之大足以让雄蜂的性器官炸开，从腹部撕脱出来，然后很快死去。这有点像迷你版的"来如雄狮，去似羔羊"。这一过程太过极端，以至于激发了路边小报的灵感，让它们把一些专栏贡献给了昆虫，还用上了《太阳报》这样的标题："雄蜂的睾丸会在达到性高潮时爆炸！！"

碧昂丝说得对

从蜜蜂的蜂王，到今天乐迷口中的B女王——美国流行音乐天后碧昂丝·诺斯，昆虫们在几年前以一种意想不到的方式声名大噪，当时全世界的媒体平台都爆出一条新闻：人类发现了一个牛虻新物种，并以碧昂丝的名字命名为 *Scaptia beyonceae*。

碧昂丝牛虻的得名有两个原因：第一，因为它最初是在她的出生年——1981年被采集到的，尽管此后很久它都没有被确认，也没有被命名；第二，也是更重要的，因为它的背面太美丽了。它尾部闪烁的金毛让绞尽脑汁取名字的科学家们想起了那位艺人被包裹在华丽夺目的天后之裙中的美臀。我热切等待着女性昆虫学家越来越多的那一天，这样我们就可以用它们羽翼雄健的宽阔肩部或者结实的腹肌来给昆虫命名了……

　　考虑到此种牛虻来自澳大利亚内陆，我不确定碧昂丝会感到多荣幸，即使她了解了整件事。尽管牛虻是访花昆虫，为传粉做着贡献，但它们主要还是作为滋扰人类和牲畜的昆虫而为人所知；它们从我们身上咬走一大块血肉时很疼，它们会让动物烦躁，还能传播疾病。不管怎样，差不多在这一切发生的同时，碧昂丝发行了一首重要的流行金曲，她在歌里提出一个问题："是谁主宰世界？"也许你知道答案：姑娘们！

　　我丝毫也不认为碧昂丝在唱这首歌的时候脑子里会想着昆虫，但她也有可能想过。因为如果我们把这个星球上所有的雄性和雌性动物加起来，那么正是昆虫们肩扛重任，确保地球上的姑娘比小伙多。如果我们忽略细菌、雌雄同体生物，以及其他没有明确性别的生命体，研究其余动物的雌性占比，那么一些丰富度①极高的类群，比如昆虫，明显是由雌性来主宰的。830亿蜜蜂中，所有的工蜂都是雌性。所有的工蚁也是雌性，而地球上蚂蚁的数量极其巨大；尽管关于蚂蚁的确切数目至今没有定论，BBC却还是相信，说蚂蚁是地球上最丰富的一类昆虫是毫无问题的。还有其他丰富度颇高的昆虫物种，比如蚜虫，可能在一年的特定时间里由雌性主宰。

　　陆地上的这种雌性优势会被水生物种所抵消吗？海里面有小型

_____

① 一个群落或生境中的物种数目，反映了一定空间范围内物种的丰富程度。

的甲壳类动物，它们在水里的地位相当于昆虫，在数量上占统治地位，比如哲水蚤（*Calanus finmarchicus*）和其他类型的桡足类生物。这些生物的性别分配更加均衡，但同样，在这个群体中，科学家有时也会发现雌性超量的现象。甚至在这个星球上大量存在的耕牛和家禽中，公牛和雄鸡也被淹没在它们的雌性伴侣之中。好吧，还是有很多生命体有着雄性超量的现象，包括一些扁形虫和龟类，但这可能不足以扭转这种不平衡。因此，从某种意义上来说，B 女王的话似乎是正确的。以个体总数来计，"姑娘们"才是推动世界运转的生物，感谢昆虫们，以及最成功的物种中雌性的极端主宰。

我没有爸爸，但还有外公

社会性昆虫，比如蜜蜂、蚂蚁和很多胡蜂物种，是如何建成性别分布如此不均衡的社会的呢？秘密的一部分在于这些昆虫的后代的性别决定过程。对人类和很多其他昆虫来说，整件事完全由性染色体说了算，但上述社会性昆虫并没有性染色体。

性别是由卵是否受精来决定的——而女王就是决定者。它是唯一被允许产卵的。如果它用婚飞①中储存的精子给卵授了精，那么它

---

① 性成熟社会性昆虫（如蜜蜂）的飞翔，飞行时进行交配，常是形成一个新群体的前兆。

就会变成雌性——是成为一个工人还是一位女王，则取决于它在幼虫阶段接受的营养。如果它产下一枚未受精的卵，那么它就会变成雄性。

这个体系导致了一些遗传上的特殊现象，尤其是当女王一生只与一只雄性交配时。因为在这种情况下，女王的女儿们与姐妹们的关系会比自己可能生下的任何后代都要近！简单来说，这是因为蜜蜂爸爸的精子含有完全相同的遗传物质，所以它所有的女儿（它没法生儿子——记得吧，儿子只能从未受精卵中发育而来）都从它身上继承了相同的基因。对这些女儿来说，这让它们发觉放弃自己产子，转而帮助喂养包括新蜂王在内的更多姐妹，其实更有利，这纯粹是因为那种策略会让它们把自己的遗传物质更多地传递下去。

长久以来，人们一直认为这为社会性昆虫是由不育的"工人"主宰的奇特社会现象做出了一个很好的解释，但是现在我们知道，蜜蜂女王通常会与好几只雄蜂交配。而在同样是社会性昆虫的白蚁中，性别不是由卵是否受精决定的——因此这个解释在这里站不住脚。关于也许能解释这个现象的其他机制，激烈的争论还在继续。不管怎样，这个奇特的体系意味着，一只雄蜂试图画出家谱时会遇到一些意想不到的挑战。毕竟，它没有父亲，因为它是从未受精的卵中降生的。然而它却有一位祖父，确切地说，是外祖父。我们人类划分谱系的爱好——包括我的孩子、你的孩子，还有我们的孩子——相比之下简直是小菜一碟！

用昆虫的方式过产假

一旦把卵产完，昆虫妈妈一般就会认为自己的工作彻底完成了，但也有例外。有些昆虫是实实在在的育儿专家，既提供各种各样的饲喂，又负责花式换尿布。这些发现不仅能为你的下一场晚餐聚会提供些趣闻轶事的谈资，还有着不可思议的用处。通过研究照料后代和不照料后代的近缘物种所采用的策略，或者通过操纵物种并观察其对后代存活率的影响，生物学家对生态学和进化了解了很多。

例如，有一种直接产下活的幼体的蟑螂（太平洋甲蠊 *Diploptera punctata*）。这意味着卵在它的体内孵化，因此若虫必须被喂食一些营养物质，好长得又大又壮。蟑螂没有温暖舒适的子宫可以让幼体在里面通过脐带获得静脉营养。相反，蟑螂母亲的腹部有特殊的腺体，能以液体形式分泌乳蛋白。据推测，这种"奶"的营养成分像作战口粮——其中，蛋白质、碳水化合物和脂肪含量有着最优配比。有人宣称这也可以成为人类的新型超级食品，但由于给蟑螂挤奶颇为费时，我们很可能还是得选择用人工合成的方式生产这种奶。

另一类不太受我们欢迎的昆虫——斑虻，有着相似的生命周期。作为一种吸食鹿血的寄生虫，它们在采蘑菇的高峰季节大群出没。尽管它们很少叮人，可是当它们一群一群地落在你身上，抖动着翅膀，在你的头发里爬来爬去时，还是很恼人的。但对麋鹿来说，它们是一个真正的问题。2007 年，一只在挪威兽医研究所接受检查的麋鹿被查出身上有近 10 000 只斑虻。

斑虻的卵同样在母亲体内孵化。母亲安逸地蹲坐在麋鹿的皮毛中时，幼虫通过母体内的特殊腺体接受着"母乳喂养"。它的后代以一种包裹着茧的蛹的形式被"生"出来，会变得像乌木做的珠子一样又黑又硬，接着从麋鹿身上掉到地上。它躺在那里，直到秋季才开始羽化，循环将在此刻重新开始。

其他昆虫也会照料和养育它们的幼体。我们已经了解了社会性昆虫，它们的众多姐妹都被雇为保姆，照看自己的弟弟妹妹。而它们的母亲也远谈不上懒惰。一只白蚁蚁后每三分之一秒产下一枚卵，终生如此，无怪乎它需要哥哥姐姐的帮助。

蠼螋——这些屁股上长着夹子的修长的褐色昆虫是尤为慈爱的母亲。尽管它们并不会真的换尿布，却会一直照看自己的卵，清理掉真菌孢子，并且用一种被认为能够抑制霉菌和真菌生长的物质来清洗它们。当幼体刚孵化出来时，它会取来食物，喂给小若虫们。一个实验表明，蠼螋母亲的温柔呵护使得卵的孵化率从 4% 增加到了77%。覆葬甲（sexton beetle）是亲代照料的另一个例子（见第 132 页）。

当然，事情并不全是母亲们的。在斯堪的纳维亚，我们为自己在性别平等化进程上的领先而骄傲。但说到我们之中这些最小的生灵，其他国家却在这一点上甩了我们好几条街——也许是因为挪威连一种田鳖（负子蝽）都没有吧。这个亚科又被称为"咬趾蝽"或"电光蝽"，有一个由父亲来休产假的罕见案例。事实上，它们要照料来自不同母亲的一整窝后代。在交配后，雌性会将卵一排排地整齐地产在父亲的背上，照顾这些卵是父亲的任务。它要漂浮在水面上，确保卵既不干掉，也不溺水而亡。母亲呢？像易卜生笔下的娜拉一样，它只管走自己的路去了。

　　有些昆虫会采用极端和野蛮的方式来养育自己的幼体。不是守在附近照看它们，而是确保幼虫孵化的时候有新鲜的肉等在嘴边——通过将卵产在另一只活物的体内。下一章，我们来看看昆虫吃，或者被吃的一些奇异方式。

吃，还是被吃

食物链中的昆虫

　　成功虫生的秘诀很简单：你只需要活得足够久，久到能够繁衍后代。而为了活着，你就需要食物。昆虫的一生大多是关于吃，以及不被吃掉。

　　许多昆虫会彼此相食。如果你离开情人的方法有 50 种，那我保证吃掉其他生物——包括你的情人的方法要多了去了！你可以从内到外把它们吃空：吃卵、吃幼虫，或者吃成虫。你可以用上颚吃，用海绵吃，用吸管吃，或者干脆停止进食——有不少昆虫只在幼虫期进食，到了成虫期就什么也不吃。

　　既然"要么吃要么被吃"这一残酷又简单的生命法则是命中注定的，那么昆虫为了避免被其他生物大快朵颐，就走起了极端。它们可能东躲西藏，用伪装来隐蔽自己，或者装成其他东西——最好是一些危险的或者不能吃的东西。为了生存，它们会选择消失在虫海，或者用巧妙的方法与其他生命体合作。昆虫为了获取营养，同时又不让自己成为食物所采取的策略是一堂鲜活的实物教学，体现出令人惊掉下巴，但又常常很残酷的环境适应性。我要是藏着掖着不告诉你可就是犯罪了。

达尔文的不安

　　拿寄生物来举个例子。许多昆虫是我们所谓的拟寄生物——最终会杀死它们寄主的寄生物。寄主常常被从内部吃光：拟寄生物的幼虫在一只动物——比如另一只昆虫——的体内孵化，然后缓慢而坚定地吃遍它的内部器官。整件事情进行得很优雅：幼虫会把要害器官留到最后。毕竟，新鲜的肉更好吃嘛！通常情况下，一旦拟寄生物的幼虫吃光了寄主的"馅"，准备开始成虫生活，寄主就会死去。

　　19 世纪的自然历史学家和神学家发现这件事的时候都十分地抓狂——这根本没法与他们美好而慈爱的上帝创造世界的观念相吻合。达尔文也为此挣扎了一番，在 1860 年写信给他的美国同行阿萨·格雷（Asa Gray）："我没法说服自己，仁慈的、全能的上帝，竟会特意创造出摆明了要在活毛虫的身体里进食的姬蜂科。"

　　但愿他早就知道了吧！还有远比这更糟糕的事情呢。

僵尸和摄魂怪

　　美丽的长着绿眼睛的瓢虫茧蜂（*Dinocampus coccinellae*）是一种寄生蜂。雌虫把它产卵用的管子（产卵器）刺进一只瓢虫（ladybird beetle）体内，产下一枚卵。卵会孵化，在接下来的 20

天中，茧蜂的幼虫将一路啃掉瓢虫的许多内部器官。之后，幼虫便若无其事地以某种方式从瓢虫的腹部挤出去，这时不幸的寄主还活着。茧蜂幼虫在瓢虫的足之间为自己织出一个小丝球，在那里变成蛹。

　　接着，了不得的事情发生了。瓢虫的行为陡然变化：它不再移动，只是站在那里，一动不动，像一面活盾牌。但每当一只饥饿的茧蜂敌害接近时，瓢虫都会猛地一动，以吓走任何可能考虑吃掉这只刚刚把它吃空、此刻却孤立无助的怪物。这情形会持续一周，直到茧蜂羽化飞走，留下瓢虫自生自灭。

　　这里最大的问题是，茧蜂母亲是如何做到控制瓢虫，把它变成一位僵尸保姆的。毕竟，从它产下卵，然后消失到现在，已经过去好几周了。答案是茧蜂母亲在将卵注入瓢虫体内的同时还会注入一种病毒。这种病毒在脑中积累，受计时机制的控制，就在幼虫挤出去的那一刻让瓢虫瘫痪，让茧蜂得以接管瓢虫的大脑，使它不仅成为宝宝餐，还成了宝宝的保姆。关于这一切，我们能说的唯一一件好事是：瓢虫有时能在这一场劫难中幸存下来。真是够令人难以置信的。

　　成为摄魂蠊泥蜂（*Ampulex dementor*）猎物的蟑螂就没有那么幸运了。你很可能会想起《哈利·波特》里面的摄魂怪——那些摄走人们灵魂的飘忽不定的黑色怪物。这就是摄魂蠊泥蜂名字的来源。它是蠊泥蜂属的几个物种之一，是即使在挪威也能发现的这一属的一个代表。这些泥蜂在童年时期生活在蟑螂身体里。

在这个例子里，整个过程同样始于一位挥舞着产卵蜇针四处寻觅的母亲。首先，它在蟑螂的胸部下针，让它的足麻痹几分钟——因为下一阶段事关高级的脑部手术，要求"病人"一动不动地躺着。现在，泥蜂蜇向头部了。它把一定剂量的神经毒剂极为准确地注入蟑螂脑部的两个特定位置。这会阻断信号，让蟑螂无法控制自己的移动：移动的能力还在，但是没法自己做动作。现在蟑螂完全臣服于泥蜂的意志了，而泥蜂的意志就是将蟑螂带到自己可以在它身上产卵的地方。可蟑螂太大，泥蜂搬不动，所以现在，蟑螂丧失了曾经拥有的一切自由意志却还能移动，事情就变得很方便了。现在，摄魂蠊泥蜂只需咬住蟑螂的触角，就可以想把猎物领到哪儿就领到哪儿了——像一条拴着绳的狗一样——径直领向它的死亡。

蟑螂成了顺从的猎物，允许自己被领进地上的洞穴。在洞里，泥蜂产下一枚卵，粘在蟑螂的足上。接着摄魂蠊泥蜂用小石块挡住地洞入口，然后消失不见。它小小的幼虫宝宝会在接下来的一个月里把自己吃胖。一开始，它从蟑螂的足中吸食体液，接着就钻进这个生灵的体内，狼吞虎咽地吃掉它的肠道，然后才在终将死去的蟑螂体内化蛹。

呃！或许达尔文不知道这个更好一些。在如此冷酷无情的行为中很难看到任何仁慈的存在。还得再说一次，进化从来都不是由爱和同情心推动的。

无畏的搭车客

有些昆虫依靠其他昆虫的幼体为生。勇敢的芫菁（blister beetle）吃的是蜜蜂幼虫，但它仍然能够搭上蜜蜂父母的车，一路回到育儿室。

五月的一天，我正在户外的阳光下坐着，一只奇怪的胖甲虫悠闲地爬过我花园里的桌子，蓝黑色的，闪闪发光。它看起来像是借了一件小了三个号的燕尾服：腹部的卵怀得太满，从翅的后缘鼓了出来。这是一只清晨来访的芫菁。在挪威语里，它叫作春甲虫、五月甲虫，或者复活节甲虫，并且适应性和它的名字一样强。

丰满的甲虫女士就是这些必然当选春季最怪异偷渡客的小虫的源头。不久，它就会在土里挖个洞，挤出一堆卵，数量也许多达40 000枚。卵会孵化成紧张兮兮的小幼虫，六只足上都长着硕大无比的钩子。它们看起来有点像细长版的头虱，或者无翅的石蝇，只不过充满用不完的能量。这些幼虫叫三爪蚴（triungulin），它们最终会聚集在花上，在那里等待着生命的伟大抽奖。

事情是这样的，要想抓住生的机会，关键在于这些幼虫要能够来到正确的地方。它们需要搭个顺风车才能到达。它们会钩住落在它们那朵花上的第一只昆虫——但对所有搭错了蜜蜂种类的幼虫来说，游戏结束。这正是一开始需要那么多卵的原因——拥有光明未来的只有寥寥几个撞了大运的幸运儿，它们偷偷搭上了一只正在去往正确方向的野生蜜蜂。

芫菁的三爪蚴幼虫会聚集在花上，形成蜜蜂的形状。它们还会模拟孤独的雌蜂的气味发出信号。很快，一只雄蜂就来求爱了。在它试图与这个它以为是雌蜂的东西交配时，幼虫四散开来，并爬到雄蜂身上。当这只困惑的雄蜂飞走，然后幸运地遇到一位真正的蜜蜂女士时，幼虫又会跳到蜜蜂女士的身上，就像老鼠离开一艘行将沉没的船。用这种方式，它们确保自己搭上了回家的车，去往它的巢穴。

三爪蚴用变形成小小的无足幼虫的方式来回报它们的司机。它们静静地躺在巢里，把司机的花粉啜食一空。至于饭后甜点，它们一般会狼吞虎咽地吃掉本是巢穴合法居民的野生蜜蜂的幼虫。一旦芫菁幼虫酒足饭饱，它们就会化蛹，等待着春天的到来。如此，这个循环又将再次从头开始。

芫菁（水泡甲虫）的名字来自它们会分泌一种致人起水泡的因子，叫作斑蝥素（cantharidin）——人类已知的毒性较强的物质之一。一粒米那么重就足以杀死一个人。

出于某种原因，有人产生了（错误的）想法，认为斑蝥素是一种春药。在欧洲更南部以及东方被发现的"西班牙飞虫"（西班牙绿芫菁）的干制品，曾经被用作男性的性兴奋剂。据说奥古斯都大帝那位诡计多端的妻子利维娅，就会在她男性宾客的食物里撒上碾碎的西班牙绿芫菁，希望这会让他们抛开所有的谨慎和自制力，做出能让她日后用来要挟他们的事情。

事实上，如果这种物质接触到你的皮肤，它就会引起水泡，使伤口化脓；如果你把它吃下去，还会造成痛苦的炎症和尿道肿胀。此外，非致命和致命仅有一线之隔——你不会想乱碰这玩意的。

芜菁的适应性使它们在自己寄生的独居野生蜜蜂初次飞翔时才开始羽化。这就是为什么你只能在早春见到它们。要是恰好够幸运，偷瞧到了一只，你最好还是让它平静地过完自己古怪的一生吧。

为晚餐歌唱的昆虫

我不是很擅长做周日的晚餐。我们常常会在周末去远足，终于回到家的时候没有人想做饭，况且我们也不知道该做什么。过完忙碌的一周后，我们都筋疲力尽，周五下午去购物的时候也没心情提前两天去想这事。

哦，这种时候应该做一只昆虫！或者更准确地说，做一只斑点猎螽，一只大个头、鲜绿色的澳洲螽斯。它分分钟就能把事情搞定，保证送餐到户，美味又新鲜。非常新鲜，因为事实上，食物可是自己跑上门的。

这些螽斯要做的就是唱歌，这样晚餐就会自己跑过来，直接扎进这个可怜虫的颚齿之间，它正饥肠辘辘地等着周日的晚餐。它们唱的是什么？啊，这么说吧——它与罗密欧在阳台下唱的小夜曲有异曲同工之妙。这种螽斯学会了模仿一个完全不同的物种——一位

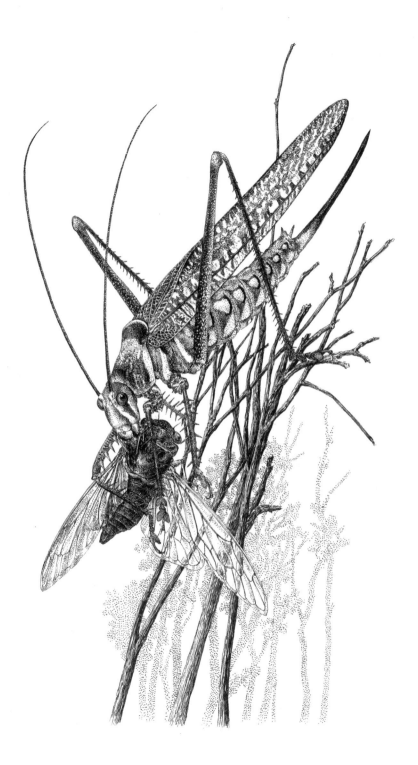

优雅的蝉美人的交尾信号，这会让毫无戒心的雄蝉漫步而来。它们循声而往，结果发现的不是温柔的蝉同类，而是一个饥饿的、体形比自己大得多的天敌：周日晚餐自己上桌了！在科学语言里，这叫"攻击性拟态"——捕食者或寄生物模拟另一个物种的信号来从信号接收者身上牟利的过程。这样的例子有好几个：比如黄条女巫萤（*Photuris versicolor*），能够模拟一共 11 种近亲，让自己冒充所有这些种类的火辣性感的雌性。因此，它能够悠闲地坐在那儿，像一棵短路的圣诞树那样闪着光，让食物自己过来。

更加怪异的是流星锤蜘蛛（bolas spider）的送餐到户系统。这些蜘蛛织出一缕末端有一个黏球的丝线，将它一圈圈地抡着，直到碰上一只路过的蛾子。接着蛾子像上钩的鱼一样被拖上来，用丝线工整地缠绕好，等到夜晚结束时，在一片静谧中被消化掉。这个捕猎用的武器让人联想到流星锤，那是一种由一根绳索连接着两个重球的工具，由阿根廷的"北美牛仔"——加乌乔人使用。

但是马背上的加乌乔人向正在追逐的动物投掷流星锤是一回事，蜘蛛一动不动地坐着则完全是另一回事了。在你看似人畜无害地静静坐着、抡着流星锤的地方，一只夜蛾实际经过的概率能有多少呢？约等于零。这就是为什么这种蜘蛛也找到了一种为晚餐歌唱的方法：用气味唱歌。流星锤蜘蛛已经学会了模拟很多种蛾子的复杂的气味信号。感觉到空气中的爱意，蛾先生开始起飞，离这个天然版蛇蝎美人的气味源越来越近……直到它发现自己被牢牢地困在蜘蛛的陷阱之中。

食虫虻值得拥有自己的纪念日

什么东西都有纪念日：我们有世界候鸟日、国际幸福日，甚至还有华夫饼日①和国际茶叶日。但也许你不知道，每年四月的最后一天是世界食虫虻日。"世界食虫虻日"这个标签的创立者埃丽卡·麦卡利斯特是伦敦自然历史博物馆的一位昆虫专家。她认为我们应该多多地为昆虫搞些庆祝。为什么不从食虫虻开始呢？

食虫虻（食虫虻科）是异常健硕的捕食者。这个科里面有长度可达6厘米的物种，以虻类的标准不啻为一个巨人。这种飞虫喜爱阳光、体色暗沉，身材往往很苗条，拥有强有力的足和巨大的眼睛，上唇长着浓密的胡须，对空气有十足的掌控力，能够快速转向，或者悬停着等待毫无戒备的猎物平静地飞过。眨眼间，猎物就被食虫虻那六条多毛而有力的足给困住了。无须费事地降落，食虫虻就可以把坚固的喙刺入猎物体内，而这猎物很可能是一只比它自己还大的昆虫——在较为温暖的地方，甚至可能是一只蜂鸟。食虫虻将唾液、毒素和消化液做成的鸡尾酒注入受害者体内，这只受困生物的五脏六腑立刻变成了一杯装在方便口杯里的昆虫冰沙。迅速吸两下——通常是用最快速度——食虫虻就将空壳丢掉了。这些无赖又被叫作"刺客虻"不是没有原因的。

许多食虫虻种类很稀有，而且我们对它们在幼虫阶段如何生活

---

① 起源于瑞典的传统节日，时间是每年的3月25日。

知之甚少。然而，我们倒是知道它们在控制和压制其他昆虫的数量方面很重要，因此，我们应该多了解一下这些健硕的飞行捕食者和它们在食物网中的角色。

末日派对

想象一下，一支红眼睛的昆虫大军缓慢而安静地从土里爬出来。每只昆虫都有你拇指大小，它们以如此庞大的数量出现，让人想起一部关于世界末日的恐怖烂片。我们说的是一块足球场大小的地方上有大约 300 万只昆虫这样的密度。但这既不是科幻小说，也不是末日预言，只是一场"末日派对"——有人风趣地给北美洲 17 年蝉的周期性出现取了这个外号。

这些以吸汁为生的昆虫安于一连 17 年足不出户的生活。它们深藏在地表之下阴暗的巷道和凹穴中，在那里静静地等待着。时不时地，它们通过那根相当于嘴巴的内置吸管来吸一口根部汁液鸡尾酒。接着，在第 17 年快结束的时候，大队人马集合，为当一把不速之客认真地做着准备。

它们成群结队地从土里钻出来：体色浅棕，悄无声息，没有翅膀。这群静悄悄的集会者爬到树上，开始进行最后的蜕皮，这一次变形将使蝉儿们变成具有繁殖装备的成虫个体。瞧啊！从旧的外骨骼里走出了一个有翅膀的生灵，它盛装出场，正准备去参加派对呢。相亲大会开始举行，空气中飘荡着爱意，寂静成了过去式。如果你在土里安静地躺了17年，那可是有一箩筐话要说。我们人类听到的蝉鸣是一种强烈的、高频率的刺耳喧嚣。百万只这样鸣唱的雄蝉加在一起，难怪在17年蝉来袭的时候，人们如果在室外待太久，听力会受损。它们的音量可以高达100分贝。尽管17年蝉不蜇人、不咬人，美国人还是得在末日派对到来时取消花园聚会和露天婚礼，因为当这件事正在进行的时候，人们根本不可能在室外交谈。

然而，这场派对很短暂。在地下待了17年，度过一生99%的时间之后，这些成虫蝉的生命在三到四周内就会结束。它们的歌声会引发交配，而交配产生了新的蝉卵。卵历经几周得以孵化，然后蝉的小若虫沿着自己出生的树枝爬啊爬，直到力气用尽，然后……砰！新孵化的、无翅的若虫掉到了地上，向下钻去——进入17年的黑暗当中。

在若虫孵化很久以前，它们的爸爸妈妈就在完成使命之后死去了。现在唯一留给美国人去做的就是拿出他们的雪铲，从车道和走廊里清理走以千克计的死去的昆虫尸体，然后等着17年后它们的再一次现身——带着期待或是恐惧。

事实上，17年蝉是我们已知的最长寿的昆虫，还有它们的亲戚——13年蝉。有几种蝉，每种都有几支血脉，在美国不同地方以不同时间周期出没。难怪这些奇异昆虫的拉丁文属名是 *Magicicada*①。

———————————

① 字面意思为"魔法蝉"。——译者注

数到 17

那么，17 年蝉这令人震撼的生命故事有何意义？这些昆虫到底是如何学会数数的？

原来，蝉之所以进化出这种行为是为了降低被吃掉的概率。蝉很大，而且富含蛋白质，所以它们成了鸟类、小型哺乳动物和蜥蜴热衷于寻觅的食物。海量的蝉如巨大的洪流涌入食品市场，确保了更多的蝉能够存活、交配和产卵。通过消失在虫海生存下来，确实很简单。由于时间间隔如此之长，几乎不可能有哪种捕食者能够适应这一周期。而且 13 和 17 都是质数（只能被它自己和 1 整除的数字）绝非偶然。这意味着生命周期短于此的捕食者永远不可能与这种蝉的爆发周期同步。因此，拥有一个基于较大质数的生命周期降低了被吃掉的概率。这真是一个相当了不起的数学把戏，来自一种算术能力与吐司机相当的昆虫。

但 17 年蝉是怎么知道时间到了，该把大杯树汁放下，准备参加地面上的派对的呢？它们同时出现的触发机制是土壤温度。当 20 到 30 厘米深的土壤的温度第 17 次保持在 18 ℃以上 4 天时，蝉体内的闹钟就会全部同时响起。但我们不知道蝉是怎么数到 17 的，部分原因可能是蝉有一个体内化合物随时间变化的生物钟。也许来自树木的外部信号也会发挥作用，蝉会去"数"树开花的次数。事实上，那些操纵树木、让它在其中一年开了两次花的科学家，的确发现 17 年蝉提早了一年羽化。

　　欧洲也有会唱歌的蝉，但它们不是周期性的。很多人会把蝉（蟪蝉类，半翅目）和蟋蟀等近似蝗虫的昆虫（直翅目）弄混。这些昆虫里也有很多会发出噪声，但是发声方式不同，时间也不同。在欧洲南部炎热的晴天中午，你听到的汹涌澎湃的昆虫鸣叫就是典型的蝉噪之声。

　　你注意过夏天草丛里的那些小"唾沫团"吗？在很多地方，这些泡沫点点被称为"杜鹃唾沫"，尽管它们与鸟类并无关系。然而，这种保护性的泡沫里躺着一只小小的黄头长沫蝉（meadow spittlebug）——美国17年蝉的一位肥胖的远房表亲。我们欧洲这些不会唱歌的沫蝉，整个童年都是在一场泡沫派对中度过的。沫蝉若虫会从直肠分泌一些黏液，吸入空气后黏液就会形成泡沫。这能保护它既免遭捕食者的杀戮，也不会脱水。

斑马为什么有条纹？

　　我们可以为很多事情责怪或者褒扬昆虫，斑马纹或许就位列其中。因为与昆虫为了欺骗捕食者或者戏弄受害者而进行演化一样，大型动物也为了应对恼人的昆虫而做出了演化。事实上，这些条纹的谜团从达尔文时代起就困扰着生物学家们。到底为什么是这些特殊的动物有条纹，而其他地方的同类动物就没有？多年来，人们提出了大量创造性的理论。条纹会在动物站在树影斑斓的稀疏小树丛中时，为它们提供伪装吗？也许这种花纹会迷惑捕食者，让它们看不清斑马尾在何处，头在何方？也许这些条纹有降温效果，因为黑色上方的空气比白色上方的升温更快，由此造成小小的空气涡流？或者这些条纹能行使与会议姓名牌相似的功能，让斑马知道谁是谁？

这场关于条纹的争论尚未得到解决，但最近的一些研究摒弃了以上所有观点，转而支持第五种理论：条纹会驱散昆虫。

斑马的栖息地生活着很多携带病原体的昆虫，包括采采蝇（tsetse fly）和其他一些会给大型哺乳动物传播疾病的蚊蝇。但如果你有条纹，就能轻易脱身。这些昆虫不喜欢落在有条纹的表面上。为什么？因为很显然，条纹能够迷惑昆虫的视觉定向，尤其是在斑马移动的时候。这些条纹会造成一种视错觉，就好像我们人类感知到的辐条轮或者螺旋桨的旋转也与真实的旋转不同。因此，新理论是：进化催生了斑马条纹，因为条纹可以减少昆虫引发的问题，从而提高存活率。

顺带一提，你想过斑马条纹的下面是什么颜色吗？喏，它的皮肤可没有条纹，而是黑色的。换句话说，斑马是长着白色条纹的黑马，而不是反过来——下次玩酒吧竞猜游戏的时候，你又有一个信手拈来的小谈资啦。

昆虫是法律与秩序 ^① 的捍卫者

　　昆虫是鸟类、鱼类和很多哺乳动物的主食。与此同时，我们也知道昆虫常常彼此相食，毫无疑问，这对控制我们眼中的烦人害虫的数量是至关重要的。

　　我们知道，一个农业景观里，点缀着各色植物的农田能够为害虫的许多天敌提供生境。类似地，由天然林构成的林地比人工林包含更多的捕食性和寄生性昆虫，它们会将云杉八齿小蠹等害虫保持在可控范围内。捕食性和寄生性昆虫控制着森林中其他小型生物的数量。瑞典的研究发现，云杉大小蠹——一个能够对林木造成重大危害的物种，在有着各种死去树木的天然林中，比在我们正常的集约化人工林里，拥有多得多的天敌。

　　昆虫也能帮人们把花园保持得井井有条。以蜂类为例，一个壮大中的胡蜂巢需要很多食物的滋养。据说一只胡蜂能够在一个几百平方米大小的花园里消灭掉 1 千克重的其他昆虫——尽管这个说法的来源并不确定。

　　然而说到蜘蛛，我们却拥有世界上的蜘蛛加起来究竟一年内能够吞掉多少昆虫的新鲜估测数据。这绝不是开玩笑：在这个星球上，昆虫的这些八足亲戚们每年会吞噬掉 4 000 亿到 8 000 亿吨的昆虫。这

---

①《法律与秩序》（Law and Order）是一部创造过辉煌的美剧，1990 年开播，2010 年结束，共 20 季。此处为双关。

比地球上所有人一年内能够吃掉的肉还多，还得把吃掉的鱼也算上。

换种说法，这个星球上的蜘蛛能够在一年内吃光地球上的每一个人，并且还有胃口吃更多。但对我们来说幸运的是，它们更爱享用地球上的众多昆虫。

Chapter
4

昆虫与植物
一场永不停歇的竞赛

尽管很多昆虫是捕食者或者寄生物，它们中的大多数却是以植物为食的——食物形式要么是沙拉（活着的植物），要么是堆肥（死去的植物，在第六章中有详细介绍）。

沙拉食谱之间有很多细微差别：昆虫可以吃花蜜和花粉、种子或者植物本身。这对植物来说或许也有些好处，有利于传粉或者传播种子。在超过 1.2 亿年间，昆虫和植物休戚相关，共同发展。它们常常相互依赖，但同时，这也是一场永不停歇的竞赛，双方都想确保自己这边获得更多的利益。这种相爱相杀的关系导致了一些甚为奇特的共存形式。

喝下鳄鱼的眼泪

植食性昆虫的一生可不是万事如意的！总体而言，植物组织是营养颇为贫乏的食物，像氮和钠这样的生命必需物质含量很低。举个例子，大多数昆虫的干重中至少有 10% 的氮元素（有时还要更多），而植物总共只含有大约 2% ~ 4% 的氮元素。这给植食性昆虫造成了很大影响。许多昆虫拥有漫长的幼虫期，这可以确保它们在开始变态发育、面对成虫世界前，获取足够多的营养。其他幼虫（幼虫期较短的昆虫）则专注于植物身上最有营养的部分，比如根（有些植物的根部有为自己固氮的客居细菌），或者花和种子。顺带一提，我们人类恰恰也是这么做的——想想咱们的主食，比如谷物和豆类。

很多近似蚜虫、靠吸吮缺乏氮素的植物汁液为生的昆虫，必须巨量豪饮——相对于它们娇小的体形而言——才能获得足够的营养。这造成了水和糖的大量过剩，它们将其以我们通常称之为蜜露的形式排泄出来，这让其他生物大为欣喜（见第 98 页）。

植物的含钠量也很少，对所有生物的肌肉和神经系统的运作来说，钠是至关重要的物质之一。鹿科的全部成员都为食草动物，它们能通过舔舐友好的人类为它们放置的盐块来获取钠，而昆虫必须找到富含钠的天然来源。这就是为什么你常看到五彩斑斓的蝴蝶停在小水坑周围，啜食富含矿物质的泥土，作为它们以花蜜为主的食谱的补充。

如果你找不到水坑，鳄鱼的眼泪怎么样？ 2013 年，一群野外生物学家在哥斯达黎加的丛林中顺河而下，一路风光让他们目眩神迷，他们成功地为正在喝凯门鳄（caiman）眼泪的一只美丽的橙色蝴蝶和一只蜜蜂拍了照、录了像，它们正各从一只眼睛中吸吮着。原来这种从鳄鱼的眼泪中获取生命必需的盐分的方法比我们想得更普遍，只是很少被目击到。喝鳄鱼眼泪听起来无疑比吸小水坑要精彩一点啦！

柳树：春季最重要的餐点

传粉是一项让昆虫和植物团结起来的双赢活动。昆虫会得到甜甜的花蜜或者富含蛋白质的花粉作为食物；植物的花粉则被从一朵花移到另一朵花上，促成了受精和新种子的发育。有些植物依靠风来进行异花授粉，或者自花授粉，但是有 80% 之多的野生植物会从昆虫的来访中获益。

有些植物是特别重要的"昆虫餐厅"，因为它们在一个关键时刻供应花蜜。柳树就是一个例子。平常它只是在森林和农场中默默无闻地存在着，但是在春天，柳树却能享受它那成名的 15 分钟[①]。因为这是熊蜂蜂王从它地下的卧室中连滚带爬钻出来的时间，从上一年秋天开始，它就像睡美人一样躺在那里面了。它很饥饿——毕竟它已经一整个冬天没吃任何东西了。但是附近没人能为它准备一顿美味的早餐。还不到时候。冷冽的秋日来临时，所有的工蜂和前一年的蜂王都收工了。现在，该由这位蜂王来组建一个新的蜂群了。如果它成功了，那么它和我们人类的餐桌上都会有食物，因为我们知道熊蜂、野生蜜蜂，还有其他昆虫，对我们粮食作物（更多的相关内容见第五章）的传粉是至关重要的。然而首先，蜂王陛下必须找到些吃的东西。而这就是柳树发挥作用的时候——作为大自然的起动机。

[①] 出自美国著名波普艺术家安迪·沃霍尔的名言："在未来，每个人都能成名 15 分钟。"——译者注

一旦山坡上的雪开始融化，柳树就不再干等着了。在其他植物几乎还没开始考虑今年要穿什么的时候，柳树已经穿戴整齐了。你得承认它们穿得有些单薄，因为叶子一段时间内还不会出现。但花朵才是与春天的第一次约会的重点所在。雄花和雌花各自开在不同的树上：雄花是我们熟悉的、灰色柔软的荑黄花序，它们最终会变成鲜黄色，这要归功于它们含满花粉的花药；雌花比较隐秘，但是比它们的雄花含有更多的花蜜。

这就是熊蜂蜂王撞到的大运——一顿既有富含蛋白质的花粉，又有富含糖分的花蜜的强化版早餐，全部由柳树奉上。在你准备要凭一己之力建立一整个新的传粉者群体时，这提供了你迫切需要的能量。

一旦熊蜂蜂王吃饱喝足，它就会找一个合适的筑巢场所，要么在地下，要么在地上，这取决于熊蜂的种类。在那里，它会收集一个花粉做成的球，在里面产下第一批卵，接着用蜡将球盖住。随后，新孵化出来的幼虫会从这个被花粉填满的育儿室中吃出一条路来。与此同时，蜂王也没闲着——它搭建了一个蜡质蜜罐，在里面装满反吐出来的花蜜。用这种方式，它确保了自己在孵卵时有吃的。熊蜂的卵需要被保存在 30 ℃左右才能正常发育，因此蜂王要像鸟类一样孵育自己的卵。事实上，蜂王的腹部有一个裸露的点，可以帮助它将热量从身体传递到卵上。在第一阶段，它必须时不时地离开巢，进行短途觅食之旅，但随着蜂群的增长，工蜂就接手了收集花粉和花蜜的工作，而蜂王则专心产它的卵。

到了夏天，蜂王停止产下雌性工蜂。反之，它产下会发育成雄性的未受精卵，而从它的受精卵中孵化的幼虫现在则被用一种会让它们发育成新蜂王的方式喂养。随着秋天的临近，新蜂王会和雄蜂进行交配。对老蜂王、雄性和夏季蜂群的其他成员来说，游戏结束了。只有已经交配过的新蜂王会活下来，爬进地下一个舒适的空间，准备进行一场长眠，直到春季醒来，轮回就又重新开始了。

金莲花：大自然的一宿一食旅馆

伴侣间的关系可以很复杂，这话同样适用于昆虫与植物的传粉关系。金莲花的传粉就很能说明这一点。金莲花颜色鲜黄，花头基本闭合，很容易在英国的草地上和水边发现，却不容易接近。

只有三四种昆虫能够找到进入这种被紧密包裹着的迷你太阳花的路，这些昆虫全都属于一个叫作短角花蝇（globeflower fly）的家族。但它们会得到丰厚的回报：原来金莲花有点像含早餐的住宿，可以给它的来访者提供一顿丰盛的美餐！

金莲花提供的是自己能拿出来的最好的东西：它们的种子。我不确定它们是否含有与培根和鸡蛋同样多的蛋白质，但是对一只筋疲力尽的蝇子来说，它们一定很美味。严格地说，成虫也不是来随意翻找食物的——它们只是在花内的胚珠里产卵，而幼虫就在那里长大。事实上，它们唯一能够发育的地方就是金莲花的种子里。

那么，金莲花到底是怎么安排一切，才能让花蝇带着花粉在花与花之间稳定流动的呢？这是一个关于花与蝇之间的合作共赢和巧妙平衡的问题。因为这些特殊的蝇类是唯一能够为金莲花传粉的昆虫，所以如果没有它们来访，就不会有金莲花宝宝——也就是种子了。难怪花儿会不遗余力地把手上最好的东西贡献出来。然而这还是一种无比精妙的平衡行为。如果花蝇吃光所有的种子，就不会再有金莲花，从长远来看，这意味着再也不会有主人提供食宿——反过来，这也意味着不会再有新的花蝇，所以花蝇在比例适当的种子中产卵就十分关键。花蝇是如何得出这个比例的仍然是个问题，但事实就是这一比例管用。

天真纯良的比萨草？一点也不！

牛至（oregano）是昆虫与植物之间复杂纠葛的另一个例子，因为这种意大利菜里常用的绿叶菜参与了一个狡猾的诡计，里面牵涉强有力的联盟、伪装和造假。

想象一下这个画面。意大利北部的一座干旱贫瘠、阳光普照的山坡，散发出令人沉醉的牛至、百里香和墨角兰的香气。其中一株牛至的地下部分感到一阵瘙痒：一群红蚁决定在这株植物的根旁筑巢了。在往来劳作中，它们会时不时地啃掉一些细根。这对这株植物可说不上有什么益处，于是它提高了香荆芥酚（carvacrol）——

一种用来保护自己免遭昆虫侵害的物质——的产量，以应对蚂蚁的啃食。大多数蚂蚁完全忍受不了这种杀虫物质，但这种特殊的蚂蚁学会了如何对付它，从而在根系下面站稳了脚跟。我们人类把这种防御物质当作宝贝：香荆芥酚就是让牛至散发出浓郁草本香气的物质。但这种芳香物质有好几种功能。在意大利的开花草地上，它还可以作为求救信号：一种用气味语言发出的呼喊，直接喊给另一个完全不同的物种听。接收信号的是一种美丽的蝴蝶，叫作嘎霾灰蝶（Large Blue）。它会在这种植物上产卵，之后幼虫会在那里度过几周，发育长大，同时绸缪着一种所有卧底特工都会羡慕的伪装。咱们这里说的不是假胡子和染发剂，因为视觉对蚂蚁不是特别重要，气味才重要。这就是为什么蝴蝶幼虫会披上蚂蚁气味的诱人外衣，与生活在花下面的蚂蚁的气味完美适配。

接下来到了关键时刻：幼虫离开了植物，掉落在地。在永不停歇地采集食物的往复循环中，一只红蚁在回家的路上信步走着。它发现了蝴蝶幼虫，但被气味捉弄，以为这是一只来自蚁巢的幼虫，就小心地把它搬到蚁巢的黑暗之中，在那里将它收养。尽管它在体形和颜色上都与蚂蚁的后代不同，但还是被成年工蚁看护、照料、用反吐出来的食物喂养。工蚁照看它们就像照看巢里的蚂蚁宝宝一样辛勤。不过蝴蝶幼虫需要将体重扩增几倍才行，它不会满足于回收利用的糖水。养母们刚一转身，贪婪的蝴蝶幼虫就会挤进巢里面的幼虫房。它通过模仿蚁后的声音——一种咔嗒咔嗒的歌声——来弥补气味伪装的不足。这让工蚁确信这只蝴蝶幼虫是一只级别很高的蚂蚁，于是当它在育儿室里大杀四方时，它们谁也没有阻拦。

到最后，蝴蝶幼虫几乎把整个蚁群都吃光了。牛至根附近的区域恢复了平静，幼虫可以化蛹了。如果它没有在对的蚁种的巢里被养大，它就没有机会繁殖后代。谁能想到你比萨上面撒的绿叶子有这么多戏？

种子在蜣螂身上耍的小破招

在牛至的案例中，植物和蝴蝶都从合作中获得了好处，但有些时候其中一方会占上风，"欺骗"另一方。就好比欧洲的沃氏熊蜂（*Bombus wurflenii*）根本懒得穿过深藏在紫花高乌头花（Northern Wolfsbane flower）中的雄蕊去获取花蜜。相反，它会走捷径，直接咬穿花头，自取其利，毫无贡献就捞到了好处。因为在这种情况下，不会有任何传粉行为发生。

另一些时候，植物会抽到上签，只生长在南非的芦苇状植物银木灯果草（*Ceratocaryum argenteum*）就是这样。它可够聪明的，能形成样子像粪便的种子：深褐色，一坨一坨，又大又圆，外表和当地的羚羊留给大自然的那个东西一样。

正如有些服装连锁店会预先给出售的衣服喷香水，这种植物也要确保它"销售"的"商品"——种子——有一种诱人的气味：粪便的气味。因为它瞄准的是一个非常特殊的客户群。

正常情况下，种子要是有强烈的气味可是件蠢事，因为那会让饥饿的吃种子的小动物们更容易找到并吃掉它们。这个谜题的解释出人意料。它是被开普敦大学的一群本该研究小型啮齿动物是否会吃那些怪异又沉重的种子的科学家发现的。这些科学家在南非的一个自然保护区里埋了将近200颗灯果草种子，有点像免费样品。并且，和在人类世界一样，整件事情当然必须通过影像来记录，于是动态感应相机被安置在所有种子旁边。

结果他们发现，这些种子不是被觅食的啮齿类动物搬走的，而是被蜣螂搬走的，显然它们被种子那睥睨天下的劲头深深吸引而轻易上钩了。这些甲虫相信这些臭烘烘的球就是它们要埋起来，并在里面产卵的羚羊粪。

通过埋下真正的动物粪便，蜣螂在不经意间为生态系统做出了极为重要的贡献，因为这会防止草场被粪便淹没，确保营养回归土壤。然而在这个例子中，蜣螂上当了：它们放心地把像粪便一样的球形种子滚走，将它们埋入地下2厘米处。至少有四分之一的种子被播在了一个新地点——任务完成！

而蜣螂一番辛苦后又得到了什么？什么也没有。科学家们躲在灌木丛里，在蜣螂母亲走开后立刻把种子挖了出来。他们没有找到任何产卵的迹象，也没有找到任何尝试吃种子的痕迹。看来，蜣螂终于发现自己被骗了，它们把整件事当作一次失败的任务给放弃了。如果蜣螂也有脸色的话，也许我们就会看到蜣螂母亲看到自己的天真被暴露在镜头之下时脸涨得通红。想到自己被一棵芦苇给骗了——好贱的把戏！

将种子打包进蚂蚁的午餐

还有很多其他植物，能够让昆虫，尤其是蚂蚁，为它们传播种子，换取回报。我们已经知道有超过 11 000 种不同的植物，或者说 5% 的植物物种，能做到这一点。植物通常会保证昆虫收到某种形式的回报，也就是宝贵的营养补给：给蚂蚁的一顿打包午餐。蚂蚁将整包东西带回蚁丘，而当打包午餐被喂给饥饿的蚂蚁宝宝后，种子就被扔掉了，通常是扔在蚁丘里面或者附近的土层下。有些种子也会在搬运过程中遗失。

在英国，蚂蚁同样会帮助很多植物，包括普通山萝花、堇菜和栎木银莲花。也许这些植物有一种灵活的适应性，能赶在蚂蚁有很多别的东西可吃之前早开花、早结果，因为这会增加被帮助运输的概率。下次你再在春季看到一株獐耳细辛时，在花掉落时仔细看一下，就会看到每颗种子上放着的小小的、白色的蚂蚁便当。

其他植物与蚂蚁的合作更进一步，它们不仅提供食物，还为蚂蚁修建房屋。金合欢是个经典案例：有些长出了加大版的刺，可供蚂蚁居住，还以油脂和蛋白质小颗粒的形式为它们提供营养食物。

作为回报，蚂蚁会控制饥饿的植食性昆虫的数量，并取食金合欢周围的竞争性植被。

木维网——植物的地下互联网

当昆虫踏上征途时，合作可能是最聪明的选择。在这件事上，植物则得到了一群完全不同的物种——真菌的帮助。当你在秋季出门采蘑菇时，鸡油菌或者牛肝菌的数量远比吸引你眼球的菌伞更多。这些蘑菇的很大一部分隐藏在森林的土壤之下，构成了森林里的隐秘通信系统——一个将树和其他植物连接起来的菌丝网络，使得它们可以通信。是的，通信。我们对真菌与根之间密切合作的了解正在不断增加，这种合作叫作"菌根"（字面意思就是"真菌的根"），事实上，我们在地球上90%的植物中都发现了它。

这种合作关系可以帮助植物生长，因为真菌能够从土壤中转移水和植物营养。我们知道这点已经很久了，但是真菌网络还可以用来发送信息——如关于昆虫侵袭的消息。就像学校里的护士在6b班发现头虱时给所有家长发邮件，或者公共卫生机构发布本年度流感病毒暴发的网络预警一样，一株被昆虫攻击的植物能够通过地下网络发送化学信号，广而告之："小心，蚜虫又来啦！"

在一个构思精巧的研究中，英国科学家种下了豆子，让其中一些植株发展菌根，同时阻止其他植株这样做。接下来，他们用阻止信号分子通过的特制袋子包住植株，消除了通过空气发送信号的可能性。下一步是在一些特定植株上释放蚜虫。根据科学家的发现，本身没有被咬，但确实通过真菌网络与受到攻击的植株有接触的植株，分泌出了防御性物质来保护自己免受蚜虫的攻击；被隔离的植株就没有分泌这样的物质。

在森林中，树木也会使用这种地下互联网——如果你愿意，就叫它木维网吧——来为彼此输送碳元素。有些科学家认为森林中最老最大的树，即"母亲树"，会通过这个网络来输送某种食物包，帮助处于生命早期阶段的幼苗成长。甚至不同树种间也会以这种方式彼此传递营养。或许我们得重新考虑一下我们思考森林的方式了：树木个体之间的联系也许比我们意识到的更加紧密。

耕耘你的土地

农业和畜牧业是我们现代文明的基石。它们能够让我们拥有很高的人口密度，给我们提供各种机遇，但很遗憾的是，与昆虫相比，我们人类还是后进生呢。我们的农业革命仅仅发生在 10 000 多年前。当时，蚂蚁和白蚁从事农业生产已有 5 000 万年，而蚂蚁从事畜牧业的时间是这个的两倍。所以说到在这个星球上的个体数量，蚂蚁不费吹灰之力就超过了我们，并且这些微小却数量众多的六足生灵的总重量与地球上所有人类的重量相当，又有什么好奇怪的呢？

　　昆虫种的不是植物，而是真菌。那些只生长在有蚂蚁的田地里、拥有特化能力的真菌，已经和我们的农作物一样，适应了"被囚禁"的一生。在中南美洲，切叶蚁（leaf-cutter ant）很常见。长长的工蚁队列跋涉出巢，去切下大小合适的叶块，将它们带回地下的巢穴。接手下一步工作的"机器"运转之流畅，超越了任何工业巨头最狂野的想象。长长的一队蚂蚁，大小只有细微差别，完美地完成着自己的分内之事——不会要求更长的午休时间、更好的工作时制，或者终止临时工合同。

　　叶子被嚼碎，铺满了"菜园"。其他较小的蚂蚁会舔舐新鲜的叶堆，以将真菌从菜园中已经种植好的部分转移过来。更小一些的蚂蚁甚至还会小心翼翼地绕着菜园走来走去，去除"杂草"——在这里指的就是细菌或者种类不对的真菌。等到真菌长大，遍布菜园里的新区域时，某些蚂蚁就会来收取真菌身上营养丰富的部分，把棉花糖状的食物送到其他蚂蚁那里，包括正在成长的新一代蚂蚁幼虫。

　　就像一家运作良好的工厂一样，这种流水线产品也要求容易获得的原材料。在一年的时间里，一个普通的切叶蚁群能清理并维护2.7公里长的蚁道，这些蚁道如同自行车轮的辐条一样从蚁穴中辐射出去。

　　白蚁从事的农业与切叶蚁类似，但它的巢是用唾液混合土和木浆筑成的，一部分在地上，一部分在地下。一个复杂的空调系统保证地下真菌园的温度维持在最佳水平。而且白蚁带回家的不是绿叶，而是木棍、草叶和草茎。在真菌搭档的帮助下，它们把植物材料分

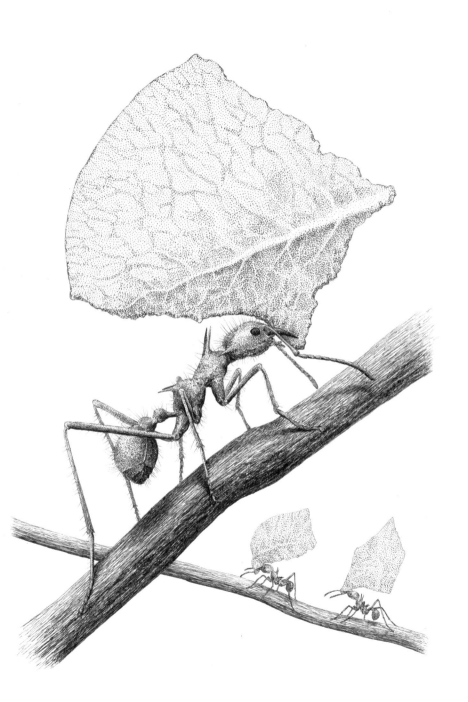

解，转化成更容易消化的白蚁食物。这两方——白蚁和真菌——是相互依存的。

生活在树里的某些小蠹种类也依赖真菌。真菌能让它们将纤维素转化成可食用物质。这些甲虫又被称为仙肴甲虫（ambrosia beetle），它们在迁移到一棵刚死去的树上时，多半会随身带着一套餐食装备：它们的身体上有着特殊的凹穴（贮菌器），储存着一种特定的真菌。一旦融入了新的住宿环境——一棵垂死或者刚死的树，它们就不满足于只在缝隙里产卵了；它们还会在树皮下开掘出豪华的洞室和走廊，按照一定的份额，在那里种下将被用来给甲虫宝宝提供营养丰富的健康食品的真菌。这可能很有必要，因为小蠹的家庭生活跟我们人类很不一样。甲虫母亲产下卵之后就跑路了，留下孩子们自力更生，好在它至少在离开前努力填满了食物储藏室。

我们不知道蚂蚁和白蚁是如何维持稳定高产的，即使是在这样只培育一个物种的极端单一化栽培的情况下。如果我们能从昆虫嘴里套出这个秘诀，那对我们未来的食物生产会是个好消息。

蚜虫"奶牛"

蚂蚁的畜牧业也毫不逊色。就像前文描述的那样，蚜虫会产生大量甜度超标的液体，而有些蚂蚁会向它们提供保镖服务来换取这种物质。对蚂蚁来说，可以轻易获取的碳水化合物实在太有吸引力了，于是它们很乐意，也很凶悍地保卫着它们的"糖牛群"，对抗任何觊觎这种物质的东西。一个蚁群在一个夏季能毫不费力地从蚜虫身上收获 10 ～ 15 千克糖，有人估计每个蚁丘每年能收获的糖多达100 千克。

　　还有人发现蚂蚁会限制蚜虫扩散到其他植物的能力，以便管控它们的"牛群"。就像人类会给鹅等有翅膀的家禽剪掉翅膀一样，蚂蚁可能会咬掉蚜虫的翅。它们还会用化学信号物质来阻止有翅个体的发育，或者限制蚜虫徒步游荡的距离。

　　蚂蚁对这些吸汁昆虫的照料可能对寄主植物不利——这没什么可惊讶的，因为蚜虫和它们的近亲会攫取大量的植物汁液。美国一些科学家发现了这件事的证据，他们本来是在科罗拉多野外的兔黄花（yellow rabbitbrush）灌木丛中研究蚂蚁和名为角蝉的小型蝉类昆虫之间的相互依存关系。让他们恼火的是，黑熊总是不停地出现，在他们计划研究的一些区域破坏蚁巢（顺便还弄坏了不少野外装备）。

　　最终，科学家们决定转移关注点，来看看熊是如何影响这个系统的。他们发现有熊出没的地方，植株长得更好，这要归功于一个复杂的多米诺效应。熊吃蚂蚁时，就没有那么多蚂蚁去吓走瓢虫了。这意味着会有更多的瓢虫。由于现在可以平静地进食，这些瓢虫便毫不客气地吃起角蝉等植食性昆虫。结果就是，植株上那些让人讨厌的昆虫少了，植株也因此长得更好。这就是熊的出没改善植物生长的方式——通过控制蚂蚁的数量！

小生灵，大作用

生物之间并不总是以我们所以为的方式相互联系，澳大利亚干旱地区的小麦田就是一个例子。这一次，科学家们想要研究昆虫的正面贡献，尤其是蚂蚁和白蚁的，于是他们比较了田地的小麦收成。在有些田地里，蚂蚁和白蚁被用杀虫剂消灭了，而另一些田地里，这两种昆虫则被允许保留。

结果，在庄稼未被喷施杀虫剂的地方，小麦收成要高出 36%。为什么？如此干旱的地区是没有蚯蚓的，所以蚂蚁和白蚁就做了蚯蚓的工作，创造了可以让更多的水渗入土壤的走廊。与消灭了这些昆虫的田地相比，允许它们生存的田地中，土壤的水含量足足有两倍之多。此外，氮素含量也要高得多。这也许是因为白蚁的肠道中含有能从空气中捕获氮素的细菌，就好像这些昆虫对土壤中水分和氮含量的改善还不够多似的——吃种子的蚂蚁还能保证未施药的田地里的杂草只有施过药的田地里的一半。

但是我们不需要横跨半个地球，就能看到蚂蚁的重要性。我们可以在欧洲找到其他案例，就在自家的后门外。瑞典一项关于针叶林的研究显示，小小的蚂蚁可能影响重大的问题，比如通过影响森林里的碳储量来影响气候。

在附近随便一片林地里走走，给自己找座蚁丘。这是林蚁（wood ant）——蚁属（*Formica*）里面修筑蚁丘的物种——的家园。在瑞典北部进行的一个实验中，科学家把森林地面上小块区域中的这些蚂蚁清除掉了，造成了严重的后果。

　　首先，整个生物群落都改变了。最常见的四种草本植物变得愈发普遍。这增加了林中土壤的营养供给，因为像山萝花和北极花这样的林地草本植物比浆果灌木更容易分解。营养物质的增加简直让林地土壤的小小守护者们坐上了火箭。最突出的是，各种细菌的活跃度上升了。这同样导致了那些年深日久的死亡植物的残骸的分解。

　　那么，清除林蚁的最终结果是什么？喏，由于分解者群体的变化意味着那些古老的、被储存起来的含碳物质突然分解，科学家们观察到森林土壤中的碳氮储量总共下降了15%。如果在清除规模提升的情况下结果仍然成立，那就意味着一旦没有了蚂蚁，地球北部森林土壤中巨大的碳储量将会流失很大一部分。要知道，北方森林覆盖着11%的地球表面，碳储量比其他任何林地类型都要多。很明显，尽管体形不起眼，林蚁却对像营养循环这样的基本过程和碳储量有着重大的影响。

恼人的仙人掌

　　长久以来，我们人类一直都在利用昆虫与植物之间，以及捕食性昆虫与植食性昆虫之间的紧密关系。公元前300年左右的中国古代公文会告诉农民如何将某种蚂蚁的薄巢穴移到柑橘园中，来减少柑橘上的害虫。在树木之间架设竹"吊桥"，让蚂蚁更容易在树与树之间移动来驱赶害虫，也是常见的手段。这似乎是我们所谓的生物防治的最早的案例之一——使用活的生物体来对抗害虫，以替代化学品的使用。

　　我们将物种从地球一端迁到另一端的行为通常都很有目的性，而且造成了极为多样的结果。有时，事情变得特别糟糕。就像19世纪的澳大利亚，当时某人有了一个绝妙的想法：建立胭蚧（cochineal）染料产业。他满怀希望地从墨西哥进口了几船仙人掌，结果，胭蚧产业打了水漂，仙人掌却像野火一样扩散开来。到了1900年，仙人掌已经覆盖了丹麦一样大的土地。仅仅20年后，这片土地又扩大了近6倍。一片和英国一样大的土地由于浑身是刺的仙人掌的过度泛滥，已经完全无法放牧和种庄稼了。这是一场危机。当权者为任何能够想出对抗仙人掌办法的人提供了丰厚的奖赏——但没人领到赏钱。

　　最终，经历了第一次世界大战和不少绝望之后，解决办法还是来了——一种来自南美洲的昆虫，其幼虫能够在仙人掌中咬出通道。这种来自仙人掌螟属（Cactoblastis）的默默无闻的鳞翅目蛾类昆虫被引进，通过试验后开始大量繁殖。100人分乘7辆货车，绕着整个昆士兰和新南威尔士行驶，向土地所有者发放装有仙人掌螟卵的纸筒。在1926年到1931年这5年间，有20多亿枚卵被分发了出去。

　　那是一场惊人的成功。仅截至1932年，蛾子幼虫就已经杀死了大部分休耕地上的仙人掌。这还只是生物防治成功案例的其中之一。

　　但是硬币总有另一面。在澳大利亚取得成功之后，这种蛾子又被用在其他几个地方进行仙人掌的生物防治，包括加勒比群岛。仙人掌螟从那里扩散到了佛罗里达，现在对那里构成了威胁，可能会将独特的本土仙人掌一扫而光。

忙碌的苍蝇，有味道的蟥

昆虫和我们的食物

所以，你说你不喜欢昆虫？那么好吧——可能你也不喜欢巧克力、杏仁糖、苹果，或者草莓。事实上，这些食品，以及数不清的其他食品，都只有在昆虫的帮助下，才能以我们已经司空见惯的方法高质高量地生产。当然，我们这里讨论的是昆虫在传粉领域的工作。

昆虫的访花行为为全世界超过 80% 的野生植物的种子生产做着贡献，并且昆虫的传粉行为在很大程度上提高了全球农作物果实或者种子的质量或数量。尽管我们摄入的能量主要来自风媒作物（如水稻、玉米和多种其他粮食），但是由昆虫传粉的水果、浆果和坚果也是重要的能量补充，同时还是我们饮食多样性的关键来源。我们知道野生传粉昆虫的物种丰富度也很重要：一个针对全球 40 种不同作物的研究表明，野生昆虫的拜访提升了所有系统的作物产量。

并且，我们栽培的需要传粉的作物的数量还在增加。根据生物多样性和生态系统服务政府间科学政策平台（IPBES）的说法，这些作物的栽培量在过去 50 年间增加了两倍，但与此同时，野生传粉物种的出现次数和物种多样性却在下降。

有些传粉行为还产生了副产品，尤其有一种是我们都了解和喜爱的，那就是蜂蜜——一种历史悠久的天然甜味剂。而如果你想要给自己的食谱添上一点环境友好型的蛋白质，为什么不去吃昆虫本身呢？它们营养丰富，构成了世界上大部分地区人类常规饮食的一部分——除了西方。

在这一章，我们来近距离地看一看昆虫在我们食物供给中的角色。

浸润着历史的甜食

我们都爱吃甜食！现在英国的人均糖消耗量大约是每年35千克。这没什么可惊讶的，因为我们人类难以抗拒满满一碗甜食，这是与生俱来的。很久以前，我们的类人猿先祖就是边吃着果子，边披着浑身的毛发奔走在非洲大地上的。由于甜度最高、熟得最透的果实含有最多的能量，我们逐渐演化出了对甜味的偏好。因此，在散装糖果柜台出现之前，人类喜欢吃甜食就讲得通了。

任何曾经不小心将香蕉落在健身包里的人都知道，成熟水果的保质期是很短的。但是有另一种远不那么容易变质、长期为人们所利用的甜味来源：蜂蜜。2003 年，在欧洲第二长输油管道的施工过程中，人们就在格鲁吉亚的一个 5 500 年前的女性坟墓里发现了蜂蜜罐。

那么，蜂蜜到底是什么呢？它是在蜜蜂从花中吸取花蜜，把花蜜收集到蜜囊——一个位于食道和胃之间的特殊袋子——中的时候酿造而成的。这就让随后将变为蜂蜜的花蜜不会与穿过蜜蜂消化系统的食物进行混合。一旦进入蜜囊，花蜜就会与蜜蜂的酶结合。当蜜蜂返回巢中时，它们会将蜜囊里的内含物反吐出来，传递给其他蜜蜂，后者会将其储存在自己的蜜囊中，运送到巢的更深处，反吐到更多的蜜蜂口中。最终，蜂蜜会被储存在蜡质的巢室里，以备日后使用——或者等我们人类来收获它。

迷幻之蜜

在西班牙巴伦西亚的蜘蛛洞（Cuevas de la Araña）中，8 000年前的洞穴壁画描绘了收获野蜂蜜的场景。画中一个男人从一根绳子或者藤蔓上垂下来，被成群的蜜蜂包围着，他一只手拿着收集用的篮子，另一只手伸到蜂巢里。

在亚洲，基于蜜蜂和蜂蜜的文化的痕迹仍然保留在食物、文化和经济中。喜马拉雅山边的采蜜人每年两次去采收世界上最大的蜜蜂——黑大蜜蜂（*Apis dorsata laboriosa*）的蜜。这是一场危机四伏的冒险，要在脾气暴躁、嗡嗡鸣叫的蜜蜂群中用梯子和绳子攀爬高耸的岩壁。近来，那些急切地想要见证这一景象的游客正在造成对蜂群的过度采收；与此同时，荒野区域的退化和萎缩也在改变着周围的地貌，一切都在对蜜蜂造成不利的影响。更糟的是，即便有报道称从尼泊尔山中采集的一种蜜含有致幻成分，也没怎么降低蜜蜂的受关注程度。有致幻成分的原因是蜜蜂会从像杜鹃花、青姬木，或者与它们亲缘很近的杜鹃花科植物上采集有毒的花蜜。因此，蜂蜜中会含有一种叫作木藜芦毒素的毒药，它不仅会影响你的脉搏，让你感到眩晕和恶心，还会造成幻觉。

事实上，即使在欧洲，"疯人蜜"也是一个有据可考的现象。古籍中记载了发生在公元前400年前后的一场灾难性的军队远征，数千名撤退的希腊士兵途经今天的土耳其地界时自行吃了一些野蜂蜜。尽管没有敌军，他们的营帐还是很快就形同战场。根据古希腊军事指挥官兼作家色诺芬的记载，士兵们像醉汉般胡言乱语，失去理智。整个营地的人都在疯狂地上吐下泻，直到若干天后，这些人才恢复到能够挣扎着站起来，继续踏上回家的路。

其他史料还记载了将致幻蜂蜜用作战争武器的史实。几个装满杜鹃蜜的蜡质蜂巢被随随便便地放在敌人的进军路线上——在跋涉途中发现甜食的时候，谁又能抵挡住它的诱惑呢？接下来，中毒的士兵就很好对付了。

土耳其的一些地方仍然在生产这种蜂蜜，在那里叫作 deli bal。但你不必担心吃到"疯人蜜"而使自己中毒，因为幸运的是，在当代商业化生产的蜂蜜中，它的浓度极少会高到产生副作用。

此外，长久以来，人们非常重视蜂蜜的抗菌作用。过去，它被用来处理伤口。据说，年仅33岁的亚历山大大帝死在巴比伦时被浸泡在了盛满蜂蜜的棺材里，以便在将他运回亚历山大港安葬处的两年间保存他的尸身。但这个故事的真实性难以考证。

团队合作的甜蜜味道

然而有一个绝对真实的故事，尽管听起来很不可思议，那是一种叫作黑喉响蜜䴕（拥有贴切的拉丁文学名 *Indicator indicator*）的鸟的传奇故事。这个非洲物种会帮助我们人类寻找蜂蜜。响蜜䴕既喜欢蜂蜜，又喜欢蜂蜡，也不会拒绝对蜜蜂幼虫略作品尝，还因为独特的行为而享有盛名。如名字所示，它能够告诉其他动物和人类哪里可以找到蜂蜜 [①]。作为回报，它期待的是当蜂巢被某些比自己更大更壮的家伙破开的时候，自己可以从战利品中分一杯羹。

大多数鸟类在我们靠近时会飞走，而响蜜䴕则恰恰相反。它会去寻找人类，叽叽喳喳地叫着，然后飞走几步，看看他们是否在跟着。新的研究显示，这些鸟儿会对特定的人类声音做出反应。尧族（the Yao）是莫桑比克的一个部族，他们仍然在与响蜜䴕合作寻找蜂蜜。科学家大声播放尧人特殊的呼叫声既会增加响蜜䴕现身的概率，也会增加它领着他们去蜜蜂巢边的概率。找到蜂蜜的总概率从16% 提升到了 54%。这是野生动物与人之间积极合作、互利共赢的

---

① 其名字 indicator 有指示之意。

极为稀少的案例之一。

我们从 16 世纪开始就了解了这种独特的合作关系，但有些人类学家认为这或许可以追溯到直立人（*Homo erectus*）时代。在这种情况下，我们说的可是 180 多万年前。这多少会让你了解到，成千上万年来，昆虫世界的这个产品是如何在动物和人类两者之间广受追捧的。

吗哪——天赐之食

昆虫还能贡献其他的甜蜜珍馐。它们很可能是吗哪（manna），也就是《圣经》里提到的天赐之食的原型——除非我们将它视为一种纯粹的天赐之物。根据《旧约》，吗哪是以色列人在埃及到以色列的旅途中赖以生存的食物。这是一段千难万险的旅程，一场穿越贫瘠的西奈半岛的 40 年远征，途中几乎没什么获得食物的机会。

以色列人也形成了这种清晰的想法：“以色列人对他们说：‘我们宁愿在埃及地坐在肉锅旁边，吃饭吃到饱的时候，死在耶和华的手里！你们倒把我们领出来，到这旷野，是要叫这全体会众饿死啊！’”[①]

但是耶和华，那个在《创世记》中尽心地为这个世界配备了“地上所有的爬行生物”的上帝，有解决的办法：“我要将粮食从天降给你们。”当清晨的那一层露珠消散时，荒野的地面上出现了一种小小

---

① 出自《圣经·出埃及记》第 16 章，采用 1993 年新译本，后同。

的、圆形的物质，就像地上的霜一样精巧。以色列人看见了，就彼此对问说："这是什么呢？"原来他们不知道那是什么。摩西对他们说："这就是耶和华给你们吃的食物。"以色列家给这食物起名叫"吗哪"，它像芫荽的种子，色白，味道像搀蜜的薄饼。以色列人吃吗哪共四十年，直到进了有人居住的地方为止。

这个食谱可能有点单调：40年除了蜂蜜薄饼什么也不吃足够让人戒掉对甜食的嗜好了。不过，这似乎是合格的远行食品，因为以色列人终究是到达了目的地。但是在这片地方，有没有什么可食用的天然产物可能激发了描写天赐之食吗哪的灵感呢？

人们提出了多种答案，虽然可能性各不相同。从各种灌木或者乔木，比如花桮（*Fraxinus ornus*）的树汁，到致幻真菌古巴光盖伞（*Psilocybe cubensis*）；从被风吹来的地衣碎片（野粮衣 *Lecanora esculenta*）或藻类碎渣（螺旋藻 *Spirulina*），到被龙卷风卷走的蚊子幼虫、蝌蚪或其他水生动物。

最有力的假说是吗哪可能是结晶的蜜露，来自一种吸食植物汁液的昆虫，确切地说是圣露柽粉蚧（*Trabutina mannipara*）。这种微小的昆虫属于介壳虫家族，它们从中东地区广泛生长的柽柳树（柽柳属）上吸食汁液。

由于圣露柽粉蚧以及许多其他的吸汁昆虫所吸食的树汁中糖的量远多于氮素的量，它们必须放弃多余的糖分。它们通过排出一种名为蜜露（honeydew）的富含糖分的分泌物来做到这一点。大量的甜味物质会在柽柳树上积累起来，并且脱水成为糖晶体。伊拉克等阿拉伯国家的人至今仍会从柽柳树上收集这些糖块，将其视为美味。

如果这就是《圣经》中吗哪的原型，那么我们可以想象一下这个画面：风将糖晶吹落，撒在地上，看起来就像从天而降一样。

马拉松食品

或许以色列人在他们漫长而艰难的旅途中也应该带上一些大黄蜂汁。事实表明，有种亚洲大黄蜂的幼虫会产生一种物质，这种物质如今被鼓吹为一种增强耐力和提升运动表现的神奇产品。

大黄蜂成虫无法进食固态蛋白质。因此，它们飞回巢里，用小块的肉饲喂幼虫。幼虫的嘴里有牙齿，能够将食物嚼碎。作为对这些肉块的交换，幼虫会反吐出一种凝胶，成虫便可以将它吸食掉。

一旦人们发现这种凝胶的内含物对大黄蜂成虫的耐力至关重要——它们每天能以每小时40公里的速度飞行100公里，那么离市面上出现针对运动员的商业产品的日子也就不远了。它们管用吗？值得商榷。但毫无疑问，它们很畅销。尤其是从日本长跑运动员高桥尚子在2000年的悉尼奥运会上赢得了女子马拉松金牌，并在很大程度上把她的胜利归功于大黄蜂提取物开始，销量便一飞冲天！如今，你可以在日本买到含有大黄蜂幼虫提取物的运动饮料，而类似的产品也在美国流行了起来。

数十亿只饥饿的蝗虫

有些时候昆虫会直接吃掉我们的食物。蝗虫群曾经——并且仍然——是一个令人畏惧的例子。在《圣经》里，成群的蝗虫被描述为上帝惩戒埃及的十大灾难之一。

> 摩西就向埃及地伸杖，那一昼一夜，耶和华使东风刮在埃及地上。到了早晨，东风把蝗虫刮了来。蝗虫上来，落在埃及的四境，甚是厉害，以前没有这样的，以后也必没有。因为这蝗虫遮满地面，甚至地都黑暗了，又吃地上一切的菜蔬，和冰雹① 所剩树上的果子。
>
> （《出埃及记》10：13-15）

这段《圣经》中的文字令人着迷的一面在于，直到今天，它在严格的生态学意义上都是很准确的。只有当喀新风（khamsin）——一种东南热风吹了至少 24 小时之后，蝗虫群才会从它们更东边的发源地到达埃及。

这是一个真正可怕的景象。一只蝗虫每天能够吃掉等同于自己体重的食物。一旦我们了解到一个蝗虫群能够包含 100 亿只这样

---

① 蝗灾是上帝对埃及降下的十灾中的第八灾，而在此之前的第七灾是冰雹灾。——译者注

饥饿、会飞、善跳的生物，且它们遍布在一块相当于利物浦那么大的区域上时，就可以理解天为何会变黑，它们的身后又为何寸草不留了。

蝗虫群仍然会以不规律的间隔期出现，主要出现在非洲和中东，然而有估计表明蝗虫群有能力影响多达 20% 的地球陆地表面。蝗灾背后的机制很像杰基尔博士与海德先生 [①] 的故事的单向版本。正常情况下，蝗虫是善良且害羞的生物，不会对作物造成任何危害。但是当特殊的天气条件让它们的数量激增，空间变得狭窄，导致它们不断地彼此碰撞时，就会诱发一种激素，在短短几小时内改变它们的外观和行为方式。它们会变得更大、颜色更深、更加饥肠辘辘，瞬间就对彼此垂涎欲滴。大群不安的蝗虫就此形成，它们在大地上横扫而过，遇上其他的蝗虫群时会形成更加庞大的群体。有一种理论是：饥饿会导致蝗虫间的同类相食，于是它们转而演化出群聚行为。

可昆虫吃掉我们自己想吃的植物并不完全是件坏事。许多粮食作物因其酸味、苦味或者浓重的味道而备受喜爱，这些味道是为了防御昆虫和其他生物的取食而发展出来的。想想像牛至这样的草本植物，或者你钟爱的薄荷茶，再或者你挤在热狗上的芥末

[①] 出自小说及其同名电影《化身博士》。主人公杰基尔博士是一位仁善的名医，他为了探索人性的善恶，发明了一种特殊的新药，吃下就会变成凶狠残暴的海德先生。在风尘女子的勾引下，他被激起了变成海德的欲望，从此在两种人格之间徘徊，一发不可收拾。——译者注

酱吧。如果植物不再需要防御，它们就会将资源省出来用在其他地方，而它们的味道可能就会改变。从植物中提取的药物中有很多有效成分的产生也许就因为植物需要避免被昆虫和大型动物吃掉。

巧克力的小小最佳拍档

我们人类就是爱吃巧克力！全世界巧克力的消费量在稳步攀升，一个英国人一年就能干掉 8 千克的量。与此同时，由于诸如气候变化这样的全球性因素，以及像中国和印度这样的国家的消费量的上升，生产商们现在发出了警告，不远的将来可能发生巧克力短缺。但实际上还有个非常小的、没人讨论的因素对保证你能吃到巧克力至关重要——那是一种小小的蚊类，事实上比针尖还小。它没有朋友，也没有英文名。也许当你的身体只有罂粟籽那么大，而你所有的亲戚又都是吸血的浑蛋时，交朋友的确不容易。因为我们讨论的这种蚊类属于蠓科[①]，这些微小的昆虫在美国被称为"看不见的小咬"，它们会钻进你的蚊帐，找到进入你耳朵或者眼镜后面的路，根本抵挡不住几滴温血的诱惑。

[①] 蠓科（*Ceratopogonidae*）属于双翅目长角亚目，是蚊类昆虫当中的一个科。——译者注

尽管说了这么多，这种小昆虫却几乎一手承担起了以下责任：你助消化片外面的糖衣，让远足充满甜蜜的巧克力棒，还有在冷冽冬日温暖你身体的一杯可可都有它的功劳。因为在雨林里，蜣的这种近亲——铗蠓——已经爱上了在可可花中爬进爬出的一生，把鲜血忘在了脑后。

这些直接从可可树的枝干上长出来的美丽花朵，构造错综复杂。铗蠓是极少数愿意劳神爬进一朵可可花，完成传粉的昆虫之一，并且它们足够小。

但是可可树与铗蠓之间的浪漫关系很复杂，因为用同一棵树上另一朵花里的花粉不管用：不行，传粉得用对路的东西，要旁边一棵树上的花粉才行。如果你考虑到咱们新的昆虫朋友很难携带足够的花粉来给一朵花传粉，不善飞行，而且花又只开放一两天就会凋谢，你就会明白这种独特的关系有多么苛刻了。

此外，说到家里的条件，铗蠓还有特定的要求：它需要树荫和很高的湿度，滋生地的地面上还要有一层腐烂的叶子。这是因为它的幼虫要在雨林地面上潮湿的腐殖层里生长发育。

因此，这个过程不会产生大量的可可——在过于干燥、过于远离铗蠓喜欢的有树荫的开阔种植园中进行种植时，产量就还要更少。种植园中的每 1 000 朵可可花里只有 3 朵被成功传粉，继而变成成熟的果实。平均来说，一棵可可树在整个 25 年的寿命中产生的可可豆才勉强够生产 5 千克巧克力。

把这一产量换算成一种更易识别的通货，意味着一棵可可树三

个月的全部产出只够生产一块雀巢奇巧巧克力。这还得是一群群吃
苦耐劳的铗蠓辛勤传粉的结果。

杏仁糖的接生婆

　　杏仁糖的制作很简单：只需要一些磨成细粉的杏仁和糖霜，加上
一点点蛋清，把它们搅和在一起就可以了。但是杏仁糖的存在却要归
功于发生在阳光明媚的加利福尼亚州的一场十分复杂的"出生"。

　　全世界 80% 的杏仁都产自加利福尼亚州，这里气候理想，适合
集约生产，因此农场主最大限度地开发了这片地区。长长的一排排
杏树覆盖了大约英国汉普郡那么大的面积。

　　杏仁在九月收获，用一种机械振动机把每棵树振一振，让杏子
掉下来。人们把它们留在地面上晾几天，然后扫到一起，开着超大号
吸尘器在树之间行驶，把它们都吸起来。现在我们来到了问题的根源：
理想状态下，杏树之间应该什么都没有，只有光秃紧实的土地，因为
这既能提高采收效率，又能改善杏仁的卫生状况。然而，这也意味着
像蜜蜂和其他昆虫这样的天然花朵传粉者会在方圆几英里①内找不到
吃的东西——由于杏树需要传粉才能结出果实，这情况很是棘手。
这就解释了为什么每年二月美国会进行大搬运的行动。当地需要蜜

———————————
① 1 英里约合 1.61 公里。

蜂，所以超过 100 万个蜂巢被特殊构造的卡车从整个美国运了过来，就像是北大西洋公约组织的某种大型演习。每年春天，全国超过半数的蜂巢会出现在加利福尼亚，就为了你我能够享用上杏仁糖。

所以，下次你再大嚼一大块杏仁糖的时候，请向蜜蜂——杏仁糖的接生婆，友善地致意。

咖啡豆、蜜蜂和排便运动

咖啡有很多功效。它能在你休息时给你补充能量；咖啡机是工作场所进行社交活动不可或缺的中心，而且对很多人来说，一杯咖啡是早晨极其关键的提神剂，包括我自己。

传说，埃塞俄比亚的一个放羊娃是第一个发现咖啡兴奋效果的人。他注意到，自己那些平时很暴躁的山羊在吃了红色的咖啡豆之后开始欢乐地嬉戏——而他自己尝过之后也是一样。有一天，一位过路的僧侣设法弄清了其中的联系。嘿，瞧呀！他突然就能在最漫长的祈祷仪式中全程保持清醒了。

尽管这不一定是关于咖啡饮用之起源的未经修饰的完整真相，但不可否认的是，关于不同种类的动物在确保我们能喝到自己热爱的咖啡方面所起到的作用，我们了解得越来越多。但我们这里所说的是比山羊小得多，或者大得多的动物。

先说小小的昆虫吧。似乎最常见的咖啡树也能在每朵花内部自

行解决传粉问题，但如果植株之间能互换花粉，咖啡的产量还是会高得多。由于咖啡花开放的时间极短，没有什么比一粒花粉被直接快递上门来得管用。或者用花朵中描述雌性部分的正确的植物学术语来说，直接送到柱头上。

送快递的是谁？许多不同种类的蜜蜂。研究显示，蜜蜂能让咖啡产量增加 50%。

在蜜蜂属的蜜蜂未被引入的地区，有超过 30 种独居蜜蜂在咖啡花间劳作[①]。独居蜜蜂由每只雌性独立承担抚养自己子女的责任——和多数不育，却帮助抚养蜂王后代的社会性蜜蜂不一样。

像蜜蜂属这样的社会性蜜蜂同样擅长为咖啡传粉，因此咖啡农过去经常被劝告在咖啡园附近养上几窝这样的蜜蜂。然而如今的普遍看法却是，引入蜜蜂属的蜜蜂会取代多种多样的独居蜜蜂的位置，可是总体来说，后者的工作做得更好。

为了让独居蜜蜂繁盛起来，在咖啡园附近给它们提供足够多的筑巢地点是很重要的。有些种类需要小块的裸地来筑巢，而其他的种类则住在老树或者死树的空洞里。传统的咖啡栽培方法——让小

[①] 蜜蜂一共包含 7 个科，其中有很多独居的，或者社会性不完全发展的类群，如切叶蜂科（Megachilidae）、隧蜂科（Halictidae）、地蜂科（Andrenidae）、蜜蜂科（Apidae）木蜂属（*Xylocopa*）等。所有蜜蜂在英语里统称为"bee"，提到具体类群时在前面加上修饰语。蜜蜂科蜜蜂属（*Apis*）的若干种类是被人类饲养和利用最多的蜜蜂，具备完全的真社会性，在英语中称为"honeybee"，如世界上最常见的意大利蜜蜂（*A. mellifera*）、中国原产的中华蜜蜂（*A. cerana*），以及前文提到过的黑大蜜蜂（*A.dorsata laboriosa*）等。——译者注

块咖啡田被林地环绕——是比全光照种植园好得多的办法，可以保证传粉的顺利进行。此外，树荫下生长的咖啡味道更棒。

既然我们谈到了味道，你知道世界上最昂贵的咖啡实际上是坨垃圾，并且说的就是这个词的字面意思吗？当咖啡豆穿过动物的肠道时，一些组分会被分解，这样拉出来的咖啡豆就会更加香甜，不会那么苦。

这个了不起的发现是从灵猫科的一个成员——椰子猫身上开始的。它生活在印度尼西亚的热带雨林里，享用着由小动物和果实组成的五花八门的食物，其中包括我们熟悉的外来物种，如杧果、红毛丹，还有——对，没错——咖啡树上长的豆子。别问我是谁，反正是有人想到了从椰子猫的粪便里提取半消化的咖啡豆，再卖上一个吓死人的价钱的主意。咱们说的是一杯要卖差不多 50 英镑的猫屎咖啡！

这起先是印尼小农民一份挺不错的副业，他们开始收集野生椰子猫的粪便。可当人们意识到这里面有大钱可赚，就开始捕捉和圈养椰子猫，后来椰子猫就在恶劣的饲养条件下被强行喂食咖啡豆。这是一门腌臜透顶的生意，必须不计一切代价加以杜绝。

如果你非要端着 50 英镑一杯的咖啡瞎显摆不可，为什么不改喝大象粪的那个品种呢？它由金三角亚洲象基金会——一家致力于保护大象的慈善基金会出品。咖啡豆从象鼻子那端进去三天后，又被从尾巴那端产生的粪便里挑拣出来，显然这赋予了咖啡一种类似葡萄干的味道。

就我个人而言，我还是更愿意喝树荫里种出来的咖啡，旁边再配上几颗葡萄干！

感谢昆虫让草莓更红，番茄更鲜

我们已经逐渐开始意识到，昆虫的传粉对提高各种不同的水果和浆果的产量至关重要，但你知道昆虫的传粉对改善浆果的质量同样有帮助吗？

拿草莓来举例。在严格的植物学意义上，它其实不是浆果，而是所谓的假果——被果实（或者从植物学角度来说，是干果，于是事情变得更复杂了）覆盖着的膨胀多汁的花托。重点在于草莓外面的每一粒浅色小"种子"其实都是一颗小小的果实，而且它们必须尽可能多地发育起来，才能让草莓变得硕大而多汁。如果这些"种子"只有少数几粒发育了，那么草莓就会长得很小，疙疙瘩瘩的。一颗授粉良好的草莓可能有 400 ~ 500 粒"种子"，只有昆虫才能实现这件事。

德国的一项研究显示，得到昆虫传粉的草莓比风力传粉或者自花授粉的草莓要更红、更紧实，畸形程度也更低。更紧实的草莓可能不仅仅味道更好，还更利于运输和储藏，这意味着它们能在商店里待得更久，而这又意味着种草莓的农民会把他种的草莓卖出一个更好的价钱。昆虫传粉的草莓的市值比风力传粉的高出 39%，比自花授粉的高出 54%。

类似的效用也出现在其他数不清的由昆虫传粉的农作物上。苹果会变得更甜，蓝莓会变得更大，油菜籽会有更高的脂肪含量，而甜瓜和黄瓜的果肉则会更加紧实。就连那些有园丁拿着模拟雄蜂翅膀扇动的振动棒跑来跑去，将花粉振落的番茄温室，品尝小组给出的评判仍然毫不留情：有昆虫传粉的番茄味道就是更好。

我们食物的食物

生产蜂蜜和保证传粉并不是昆虫为我们和我们的食物做出的唯一有用的贡献，它们还是许多人类喜欢吃的动物——包括像鱼类和鸟类这样的大型物种——的食谱的关键部分。

淡水鱼的生活在很大程度上依赖于昆虫，因为有些昆虫把幼儿游泳这件事看得非常严肃，它们让自己的幼体长期生活在水面之下，直到成年。随便提几个吧：蚊子、蜉蝣，还有蜻蜓。许多昆虫宝宝沦为鳟鱼和鲈鱼的零食，所以，下一次你坐下来享用鳟鱼晚餐的时候，大可感谢一下昆虫。

鸟类也是积极的食虫客，世界上有超过 60% 的鸟类物种会吃昆虫。对迫切需要富含蛋白质的食物来长大长壮的某些鸟种的雏鸟来说，昆虫是尤为重要的食物。有些我们人类喜欢打来吃的鸟，如林地鸟类和雷鸟，在幼雏期就依靠多汁的昆虫来过活。

我们人类也可以把昆虫当作营养来源。联合国估计世界上有超过四分之一的人口将昆虫作为饮食的一部分。昆虫在亚洲、非洲和南美洲国家被最普遍地食用，不过我们欧洲的文化里也有某种这样的传统。《圣经》里就有一段关于什么虫子可以吃的详尽描述——

尽管它对物种的理解并不太符合现代的标准（昆虫有六条腿，不是四条）：

> 凡有翅膀用四足爬行的物，你们都当以为可憎。只是有翅膀用四足爬行的物中，有足有腿，在地上蹦跳的，你们还可以吃。
>
> （《利未记》11：20-21）

这段话常常被解读为直翅目昆虫没问题，但其他昆虫都是不洁的。我们知道，蝗虫在古代被视为美味佳肴：公元前700年左右的画像石上描绘着烤蝗虫串被端给国王的场景。

昆虫是健康的环境友好型食品

昆虫实际上是一种非常有营养的食物。当然了，这取决于昆虫的种类，但总的来说，它们拥有牛肉的蛋白质含量，却含有很少的脂肪。它们还含有许多其他重要的营养成分：蟋蟀粉的钙含量可能比牛奶的更高，而铁含量则是菠菜的两倍。而且吃昆虫不仅很健康，从生态环境的角度讲可能也很明智。把我们现在饲养的一些牲畜替换成像蝗虫或者黄粉虫这样的迷你牲畜，能够帮助大幅提升食品生产的可持续性。对有些人来说，这还能让他们更轻松地转向肉类更少、植物更多的膳食结构。

　　因为，众所周知，我们在这个星球上的空间非常狭促。地球已经有 70 亿以上的人口了，并且每分钟都会新增 140 个人左右。这相当于每月就会净增加一个苏格兰的人口数。而说到把食物塞进所有人的嘴里的时候，相比我们传统的畜养动物，昆虫就是一个高效得多的选项了。据估计，蝗虫在将草料转化为蛋白质方面的效率最多可以比牛高 12 倍。

　　另外，它们消耗的水量比牛少得多，并且几乎不产生粪便——这么说吧，和实实在在地在生态环境中排便的牛不一样。牛每年产生成吨的粪便，此外还会排放特别多的甲烷等影响气候的气体。昆虫的粪便中几乎没有这种东西。

　　长话短说：昆虫这种迷你牲畜需要非常少的空间、食物和水，繁殖速度极快，同时还能高效率地提供高蛋白、低排放的高营养食物来源。

　　还可以再好一点吗？嗯，是的，事实上还可以，因为昆虫还可以用我们的厨余垃圾来喂养。这意味着我们能够一石二鸟（或者二蝗）：既能生产好的食物，又能消除我们的垃圾问题。如果我们是认真地想要将昆虫加入我们的食谱，或者我们牲畜的食谱，那么还需要在这个领域投入更多的研究，而这当然是一个越来越吸引人的领域。一个比较有前景的倡议是用厨余垃圾来养殖亮斑扁角水虻的幼虫。这些像蛆一样的小虫子每天能够转化四倍于自己体重的物质，既产生饲料，也产生肥料。它们在营养价值达到巅峰的末龄幼虫阶段或者蛹期被收获，能够被用作鱼、家禽、猪，甚至是狗的饲料。对人类来说，它们同样可以食用，其蛋白质含量高达 40%。此外，生产过程中剩下的虫粪混合物（残余饲料、蜕掉的皮和粪便）可以被用作植物肥料。根据联合国粮农组织（FAO）的说法，每年生产的供人类消费的所有食物中有将近三分之一都流失掉或者浪费掉了，因此在这里，替代性解决方案蕴含的潜力是巨大的。

虫子大餐

如果人类食用昆虫是为了对环境有益的话，那么在我们的沙拉上撒上几只炸蚂蚁，或者用裹上巧克力外衣的蝗虫来装点甜食就不算什么事了。那些把整只昆虫端上桌的把戏多半只是为了追求新奇感。

就像我们不会吃带着毛的羊排一样，昆虫也需要经过一些处理，来变成令人有食欲的菜品。而且我们必须大批量地生产它们，让成品售价低廉且方便购买。只有到那时，高蛋白蟋蟀粉蛋糕和黄粉虫汉堡才会成为日常食品。

"周一请吃素"的概念已经流行起来了。也许"周二请吃虫"会是下一个？

在欧洲，也许我们要过一些时间才会考虑将昆虫作为日常食品。但是与此同时，用那些从小靠吃我们的有机垃圾一路长大的昆虫研制出牲畜或鱼类饲料怎么样呢？这样我们就可以用昆虫，而不是巴西产的大豆来喂食人工养殖的鲑鱼了。针对这种题目的研究已经愉快地开展起来了。

把昆虫用作人类食物还面临一些挑战。昆虫有自己的寄生虫和疾病，如果我们要进行大规模生产就必须防治它们。有些人对昆虫有过敏反应，因此关于食用昆虫的法律法规也需要加以改进。

关键是，我们必须确定，从生命周期的角度来看，这也是真正可持续的——如为迷你"牛"棚加温不会抵消所有收益，因为蝗虫不像耐寒的羊群那样可以一整年被置于户外。如果不加温的话，它们不一定经得住整年的气候，尤其是在北方的气候条件下。适当的温度对快速生长和高速繁殖都至关重要。

还有一个主要的挑战：消费者的接受度。只有将昆虫制品视为有趣、重要的食物，消费者才会去购买并食用它们。如果便宜又美味的昆虫粉可以在商店里随意选购，或许消费者就会自然而然地接受了。因为如果我们想做这件事，我们就能做到。毕竟，我们学会吃生鱼只花了几年时间。

昆虫能成为下一个寿司吗？

为这些新的珍馐美味找到正确的市场推广方法也很重要。蝗虫和蟋蟀——这些世界上很多地方的人们已经在吃的东西——加上一点想象力，就能被重新包装为陆地版的老虎虾，而且我们必须使用能够引发正面联想的语言。

倡导昆虫饮食的先锋者正在这么做。至少在英语世界里，幽默似乎就是答案。

幼虫厨房（Grub Kitchen）是威尔士的一家餐厅，它使用双关语来帮助食物变得更加可口——从餐厅名字①到菜单上常常押头韵（首字母相同）的菜品名称：面包虫②玛奇朵（mealworm macchiato）、哈虫汉堡（bug burgers）、蛐蛐③曲奇（cricket cookies）。主厨安德鲁·霍尔克罗夫特同样指出，菜品所使用的语言必须具备感官吸引力："对昆虫酥松或者香脆口感的描述，比如炒或者煎，就比嫩煮或者水煮听着更让人有食欲……（后者听起来）又黏又艮。"在挪威，"mushi"这个词被建议用来推销口感较软的昆虫菜品，这既因为它可以引起人们对寿司（sushi）的正面联想，又因为它在日语里的意思就是"昆虫"。

如果你无法打败它们，那就吃了它们

19世纪的英国昆虫学家文森特·M.霍尔特对营养学极感兴趣，尤其是那些生活条件艰苦的英国人的营养状况。他认为工薪阶层应

———————

① "Grub"除了指部分昆虫的幼虫，还有"食物"的意思。——译者注
② 黄粉虫的俗称。
③ 蟋蟀的俗称。

当将昆虫视为丰富的营养来源。早在 1885 年，也就是自由女神像抵达纽约，易卜生的《野鸭》（*Wild Geese*）在卑尔根举行世界首演的那年，霍尔特写了一本简洁的小册子，题为《为什么不吃昆虫？》。在他这里，蛞蝓和蜗牛（都是软体动物），以及鼠妇（甲壳类动物）都被囊括进了昆虫世界。

霍尔特坚定地认为，昆虫可以成为菜单上健康又有用的补充食物。他觉得它们可以为工薪阶层和手工劳动者当时的糟糕饮食添些滋味。他建议农民把田里的害虫当成晚餐，伐木工的午饭应该是他砍倒的树里那些肥肥的幼虫。换句话说，这是个双赢的局面。

霍尔特这本有趣的小册子里还有很多菜谱。但不管是他的蛞蝓汤还是煎比目鱼配鼠妇酱都没怎么流行起来，这或许可以说很不幸吧。也许更好地选择原材料和现代化的处理方法能够帮人们战胜对吃昆虫的索然兴致。如今，联合国以及其他论坛正在认真地讨论这个问题。

或许未来终将证明霍尔特是对的："在确信它们永远也不会屈尊来吃掉我们的同时，我也同样确信，只要发现了它们有多好吃，总有一天我们会愉快地烹调并吃掉它们。"

生与死的轮回

昆虫中的保洁员

在我的认知里，极少有事物可以像威严的古橡树一般美丽。它们骄傲地伫立在那里，带着过往岁月的遗风；在路灯和社交媒体出现之前，它们就生根发芽、茁壮成长。在那个时代，巨魔①仍然生活在古树之间，而不是存在于你电脑屏幕上闪烁着的蓝色网站上。

如今的巨大橡树依旧保持着它们的魔力。我们科学家可以进入长袜子皮皮发现柠檬汽水的地方，去寻找珍稀昆虫。因为在古橡树的内部，木质慢慢腐烂的地方形成了空洞。这里光线昏暗，却又不甚漆黑。空气中飘荡着真菌和潮湿泥土的气味，仿佛在隐隐地暗示着秋天的到来。与此同时，温暖的木材那一丝甜甜的气味又像是春日将至的承诺。在这里，你会发现另一个世界，一个时间和空间的意义被改变了的世界。时间过得更快，因为一只甲虫会在一个夏天里过完它的一生。而一撮散发着原始而强烈的真菌气味、潮

---

① 北欧神话中的食人怪物，其英文"troll"一词在当代被赋予了新的含义，即网络喷子、杠精等。

湿、充满生命衰亡之感的红褐色木霉，就是一只一毫米长的伪蝎（pseudoscorpion）的整个世界。

这里生活着颜色鲜艳的红绒螨和色泽苍白的甲虫宝宝，还有巨大的金龟子和微小的跳虫。育儿室和风月场比肩而立。这里有生与死，故事与梦想，全都在毫米级的空间内上演。

对古橡树和树中住客的探寻，带领我来到了很多我原本永远不会看到的森林地区，给予我很多次我无论如何都不愿错过的与大自然的美好相遇：在西福尔光裸的岩石山丘上野餐，看着远处蓝色的群山，享受着春日的暖阳照在我的脸上；在春末傍晚的泰勒马克，结束一天的工作后，一路走回车上时，只有灰林鸮的叫声和一弯新月与我为伴；阿格德的山坡陡峭又湿滑，我在瓢泼大雨中几乎无法攀登；挪威西部的碎石滩上，所有的橡树都带着早年间人们收割树叶作为牲畜的越冬口粮时的修剪痕迹；还有林荫大道、牧场、农田里林木繁盛的山丘、私人花园等。我通常是独自一人，却从不孤独，因为这些古橡树里活着的生命个体可能比奥斯陆的人类居民还多。

一棵空心古橡树就像一座城堡。毫不夸张地说，一座体现生物多样性的城堡。富有弹性的橡木外壳为树洞中居住的成百上千种昆虫提供了遮阳挡雨、躲避饥饿小鸟的庇护所。复杂精巧的橡树皮让人联想起木板教堂①上蜿蜒如龙蛇的装饰性雕刻，这些橡树皮为微小的针状地衣提供了一处生境。有些真菌与橡树的根近距离共栖，而其他真菌则会帮助昆虫分解死去的木材。

　　决定所有这些物种出现的主要因素是木霉——正在腐烂的残余木材、菌丝，或许再加上一个旧鸟巢和一点点蝙蝠粪构成的滋养生命的混合物。对昆虫而言，木霉就像一家高级餐厅：即便是最挑食的虫子也能在这里找到一份适合它们口味的菜单。可能有成百上千个不同的小生命生活在一棵空心橡树内昏暗潮湿的空气里，慢慢地将威严的大树转化成霉菌和能让新橡果发芽的土壤，为大自然的永恒循环做着贡献。

总要有人打扫卫生嘛

　　植食性动物只能吃掉所有发芽生长的植物中的10%，而剩下的90%则被留在地上。植物并不是唯一会死的东西，各种大小的动物——从蚊虫到驼鹿，其生命都会到达终点。因此，有数量惊人的蛋白质和碳水化合物需要被回收利用。除此之外，我们必须考虑这些生物一辈子产生的废物——直截了当地说，就是粪便，它们也需要得到处理。你可能会认为这是个相当费力不讨好的活，但和往常

---

① 挪威特有的木建筑结构，在地基直立的木柱上层层加盖屋顶。

一样，昆虫随时准备着帮我们解决问题。

这里就需要大自然的保洁服务了，就像在学校、办公室或者公寓楼里一样，卫生清洁工作往往要由保洁员在其他所有人离开之后进行。而这也是森林、草原和我们的城市的运作方式，成千上万的真菌和昆虫完成着分解死去的有机物质这一至关重要的任务。大自然的小小保洁员们会收拾掉现场所有的烂摊子。这可能很花时间，并且需要复杂的合作，不同的物种在其中扮演着不同的角色。

即使我们周日在公园或者森林中散步时极少会想到这些，但这些降解过程对地球上的生命来说还是很关键的。昆虫对干枯树木和腐烂残骸的不厌其烦的咀嚼不仅能清理被粪便和死亡动植物覆盖的土地，同样重要的是，昆虫的奉献还会让死亡有机物中的营养回归土壤。实际上，如果像氮和碳这样的物质回不到泥土中，新的生命就不可能生长。

作为甲虫寓所的死树

当昆虫母亲在森林中物色房子时，它关注的重点和我们人类不同。拿住在死树里的甲虫来举个例子吧：我们会惧怕潮湿所带来的损害和腐烂，甲虫却认为它们太美妙了，因为对家中嗷嗷待哺的孩子们来说，那就像是满满一冰箱的食物。

于是，甲虫夫人便去一探究竟。它轻轻地将六足全部停落在死树之上，用触角和脚趾品尝着着陆点的味道，嗅闻着它的气味，看看这里是否能够成为它甲虫宝宝的优良育儿所。如果它满意，它就会迅速地把卵产在树皮上的小缝隙里，然后继续前行，寻找更多需要保洁服务的大树。

卵会孵化出一只勇敢的小幼虫，它将一路咬穿树皮和木材——这是一项艰巨的任务，幸运的是，它并不孤单。这样的死树中可能有数千只甲虫幼虫正在劳作，并且得到了细菌和真菌的鼎力相助。

刚死去的树木充满奇趣：树皮下满是富含糖分的汁液，当汁液发酵时，客人间就会洋溢着真正的派对氛围。每一种树木都有专性取食的甲虫，这些甲虫在这个大盘子里贪婪地狼吞虎咽着。小蠹就是一个典型的例子。但是速度至关重要，因为等到第一个夏天的末尾，盘子就空了：所有可爱的糖都不见了。

而与刚死去的树木相反，死去的干燥木材对甲虫来说则是一顿相当难咽的午餐。纤维素和木质素是木材中最重要的两种组分，其汁水含量和消化难度对昆虫来说，就像一袋麸皮之于我们，因此，有些真菌酷爱纤维素，而另一些真菌偏爱木质素是件好事。它们将菌丝探入木材之中，让木材因营养含量上升且变得更易取食而对甲虫产生更大的吸引力。细菌则锦上添花。有些甲虫的体内甚至有一些小小的合作伙伴，可以帮助它们从树木中，甚至是最难消化的部分汲取营养。一言以蔽之，各种各样的生物体都在参与着死亡树木的分解过程。

虽死犹生

　　死去的树木、树枝和树根是数目多得惊人的物种的家园。在北欧诸国，有多达 6 000 个物种生活在死树里——这是在我们的森林中出没的所有物种数的三分之一！事实上，这里面有接近 3 000 种是昆虫。相比之下，这个地区只有大约 300 种鸟和不到 100 种哺乳动物。

　　一旦真菌和昆虫、苔藓和地衣，还有细菌住了进来，死树中的活细胞就会比它活着时还多。所以颇为讽刺的是，死树是你能在森林里发现的最有活力的东西之一。而且每个物种都有自己专门的清洁工作要做，更不必说在想要生活在哪种树里或树上这个问题上，它们自有精确的需求。

　　那么，为什么死树中有如此之多的物种呢？部分原因在于，生活在死亡木材上的昆虫对它们所寻找的死树的种类有不同的需求。要我们这些不觉得木材有多好吃的人类去捕捉树木种类、降解阶段、树木大小和四周环境方面的细微差异是很困难的。但对昆虫而言，一棵死去的云杉与一棵死去的桦树颇为不同。而一棵刚刚死去的白杨又和一棵已经在森林中死去几年的白杨很不一样。正如我前面提到的，树木和其他植物对取食它们的昆虫和其他动物有着针对特定物种的主动防御。这种防御在树木死后也会继续，尤其是死亡早期，这意味着第一批来到刚死的树上的昆虫必须对此有特殊的适应能力。

　　树木大小也很重要：一段死去的橡树枝所提供的生境与巨型橡树腐烂的内部完全不同。而与幽暗密林中的死松树相比，阳光炙烤下的山丘上的一棵富含树脂的死松树，是取食习性完全不同的另一群物种的家园。换句话说，一根棍子不仅仅是一根棍子：死去的木材有着比上等葡萄酒更多的细微差别，而很多昆虫就是严苛的鉴赏家。由于昆虫有这样那样不同的需求，森林中就需要有足够多种类各异的死树来提供足够的生存空间，让每只昆虫都能找到自己的小屋，完成自己的工作。

但是甲虫母亲在物色一棵合适的树干来安置它的孩子时，还有一个关键点。昆虫房产市场的机会窗口期很短，如何及时到达那棵合适的树是个问题。如果稀有和特定种类的原木（比如大直径的橡树树干）之间的距离太远，正如现代化人工林的常见情况一样，那么依赖于这种原木的甲虫就可能根本到不了那里。

这就是为什么天然林如此重要：它是没有受到现代伐木业影响的森林。它有着比人工林更多的死木材，并且死树的种类要多得多，这意味着市场上有更多的甲虫之家。树木挨得很近，甲虫妈妈看一晚上房，就能撞进好几棵里面，在各处产下几颗卵。这就是创造甲虫多样性的方法。

爆炸性的研究

死树中发生的事情是我最爱的课题之一，也是我所在的研究组投入大量研究的一个课题。不见得都是什么"高大上的学问"，但我

们当然参与过一些引起轰动的项目。就像 15 年前，我们做了一个真正的爆炸性实验：我们把几米长的引爆线缠在森林里树上离地 5 米高的地方，点燃了引线。然后我们跑开了……随着一声巨响，树干被炸断了，树冠砸到了地面上！

这么做的目的是制造站着的死树。我们制造了 60 棵这样的树，在随后的每一年里，我们查看有哪些甲虫来拜访了这些死树。这让我们对不同昆虫的取食偏好有了很多了解。我们同样看到林业部门在树木保留上的环保举措——在最后会变成一片高树桩的皆伐①地上保留树木——确实是有效的。

更加有趣的是，在大约 15 年后的现在，我们还能够听到早期甲虫来访的回响。原来，近些日子树上生有的不同真菌，取决于多年以前哪些昆虫来这里造访过！这让我们感到好奇，真菌与甲虫的关系是否有点像蜜蜂和花朵的关系——它们是对彼此有用的吗？也许特定的木生真菌就是要搭上特定甲虫的便车，然后被放在餐厅门前？我们知道一些小蠹，它们与真菌之间的合作非常紧密，双方都依赖于此。但这种合作是否能以较为松散的方式——没有相互依赖，却仍对双方有好处——而更加普遍地存在呢？

为了验证这一点，我们的一位博士生把树——更严格地说，是树的若干部分放进了笼子里。她将活树砍倒，并从树上截取了大

———————————————

① 指将伐区内的成熟林木短时间内（一般不超过一年），全部伐光或者几乎全部伐光的主伐方式。

小相同的原木段，然后随机挑选原木段放进笼子里。被放进笼子里的原木段无法得到昆虫的造访，因为虫子钻不进笼子的网眼。出于对照的目的，其他原木段被置于笼外，这样昆虫就能照常落在上面了。

结果，昆虫无法接近的原木段上的真菌群体完全不同。我们认为这是因为许多昆虫会携带孢子或者真菌"丝"，或是在它的身体上，或是在它的肠道里。当昆虫落在一段刚死不久的原木上产卵时，真菌就被播撒出来或者随着昆虫的粪便排泄出来，从而找到新的家园。

此外——这才是真正令人兴奋的一点——我们的研究显示，被放进笼子里的原木降解得更慢。道理很简单，昆虫帮不上忙的时候，清扫工作就要花更多时间。

鞋底下的幼儿园

我喜欢跑步，尤其是在软绵绵的林间小道上。从家开始跑，半个小时后我就会来到一片到处都是死树的森林保护区，好似在玩捡棒子游戏。我可以看看四周，试着数数物种，这个数目在挪威的森林中大约是 20 000。当然了，不是所有的这些物种都生活在"我的"林子里，那我能看见多少呢？我能数出几种树、十多种草本和灌木、地衣、真菌，如果我脚步轻的话，可能还有一只麋鹿或者大型鸟类。

如果是夏天，昆虫就会在我的物种清单上创造奇迹，但即便如此，我还是很难看到超过 100 个物种，哪怕是在这个保护区里。那么其他上万个物种都去哪儿了呢？

大量的其他物种都是小昆虫和与之有亲缘的生物，它们一生都在躲藏。如前文所述，森林物种的三分之一生活在死树上或死树里。另一个重要的生境是土壤，因为没有其他地方会让物种如此密集地挤在一起。在森林里跑了一段路程之后，卡在我跑鞋鞋底的一小撮泥土可能就已经是数量比美国人口还多的细菌的家，更不要说成千上万纤细的真菌菌丝了。在土壤里，你还可以找到无数重要的小生灵和小昆虫。一整个微小生灵动物园都生活在那不见天日的地下：蚯蚓和螨虫、蛔虫、线蚓、跳虫，还有鼠妇。所有这些物种——我们平日里毫不挂怀的——都在回收部门有着重要的工作：它们咀嚼、挖掘、晾晒和混合。眨眼之间，废物就被转化成了土壤，准备滋养新的生命。这真的很神奇。

土壤很重要，但是它每年都会大量消失。不是因为卡在跑步者们运动鞋鞋底的大块土壤被带走了，而是因为侵蚀：被风和水侵蚀。有些侵蚀是天然的，但很多地方的土壤流失率高是因为我们人类去除了天然植被。因此，就没有什么东西留下来保持土壤了，土壤被风吹走，或者流进海里，以及其他地方。这每年会让我们损失数以十亿吨计的表层土壤——除了土壤，我们还在损失至关重要的分解者多样性，这是营养物质循环的保障。

薄薄的土层是这个星球的皮肤：罩在岩浆（熔化或半熔化岩石的

地层）和岩石地壳外面的薄的、有生命的地层。或许我们应该多花点心思来保养地球的皮肤了吧？就像一个在镜子面前焦虑地查看自己皮肤的青少年一样，我们也应该对表层土壤和森林土壤，以及它们所有住客的健康状况上点心了，因为我们需要它们，还——继续用化妆品行业的语言来说——因为它们值得拥有。

蚁在曼哈顿

节庆上的手拿食物，公园里的野餐……夏天驱使我们带着餐点出门，来到城市里。但是食物的碎屑——我们掉在人行道上的汉堡渣，或者留在草坪上的热狗——又该怎么办呢？这就是蚂蚁出手的场合了。

很多人觉得蚂蚁是种令人讨厌的东西，甚至让人反胃，但身边有它们其实是件好事，在城市环境中也是如此。一群在曼哈顿研究蚂蚁的昆虫学家做了一个粗略的计算，估算出在这座城市里，平均每有一个人，就有 2 000 只蚂蚁。蚂蚁在那里干什么？终其渺小的一生，它们大部分时间是在收集食物和繁衍后代。说到食物，它们可是来者不拒，并且有一个好胃口。科学家的另一个粗略计算估计，每年被曼哈顿的蚂蚁抬走的食物垃圾的碎屑加起来相当于 60 000 个热狗！有它们在真是件大好事。

在一个实验中，科学家比较了曼哈顿不同区域间落进蚂蚁肚皮的食物残渣量。经过精确称重的食物被放在公园和道路隔离带中的小小"食物碎屑餐厅"里。科学家为蚂蚁提供了一个纽约风格的什锦快餐包：热狗、薯片，还有作为甜点的饼干。同时，他们考量了相同地点的蚂蚁和其他城市小虫的物种丰富度，得到的结论是公园里的蚂蚁（以及其他虫子）种类比繁忙街道上隔离带里的多。

因为有证据显示，在许多其他自然系统中，物种丰富的群落的食物采集效率更高，所以科学家预计公园里的蚂蚁会比隔离带里的蚂蚁吃掉更多的食物碎屑，但是他们在曼哈顿得到的结论截然相反：隔离带里的蚂蚁搬走了两倍以上的碎屑。这可能有好几种原因。第一，隔离带里更暖和。由于蚂蚁是冷血动物，当温度较高时，一切就会运转得更快。第二，一种从欧洲引入美国的蚂蚁——草地铺道蚁，看起来是真的爱吃美式垃圾食品。这个物种在隔离带里比在公园里常见得多，而且不管在哪里，只要它出现，快餐残渣消失的速度就会快三倍。换句话说，在清理曼哈顿的食物残渣这件事上，环境条件和单个物种要比物种多样性更重要。

草地铺道蚁是有领地意识的，和其他城市帮派一样，它们会拼命保卫自己在城市里的一亩三分地，对抗闯入者。但是蚂蚁黑帮在曼哈顿街头并不孤独：这里还会定期发生老鼠之间的团伙暴力事件——相对少见一些，但是规模更大。它们想从垃圾食品的赃物中分一杯羹。帮派之间的这些火并理应引起我们这些体形更大的人类的兴趣，因为虽然在吃掉我们的食物残渣这件事上，各种鼠类做出了积极的贡献，但它们同样是臭名昭著的疾病传播者。可这一恶名就完全不适用于蚂蚁了。这意味着蚂蚁远比老鼠更适合承担城市户外空间的巡逻清扫任务。

是时候承认了，就连我们的城市也是一个以小爬虫为必要成分的生态系统。仅仅是百老汇的隔离带就有 13 种不同的蚂蚁。纽约总共可以找到 40 种蚂蚁——这几乎是英国所有蚂蚁种类的三分之二。既然目前世界上有超过一半的人口居住在城市里，那么我们应该花更多时间去发现城市生态系统的运作方式。

重要的是，城市里的自然同样对生态系统做着重要的贡献。树木会提供树荫，阻隔噪声，还能净化空气。绿地会在大量降雨后吸收水分，减轻内涝。开放水域会降低气温，池塘和溪流中的生物能将水过滤，让它更清洁。很小的一块土地就能为大量有用的虫子提供生境，这些虫子会给植物传粉，传播种子，或者清扫街道——就像蚂蚁一样。

奥斯陆的经济学家也研究过奥斯陆这座城市的生态系统服务及其价值。有一项工作试图测算城市内部和周边的绿色设施对居民的健康和幸福感的价值——通过计算它们的时间使用价值，还有其他的测算方法——发现总共价值上百万英镑。而这还不包括蚂蚁的贡献的价值。

了解更多的城市生态学知识，能让我们更好地规划和维护我们的城市。即使像少给隔离带耙土这样简单的事情也被证明是很重要的，因为它能保证更多的藏身之处和更加幸福的生活——如果你碰巧是一只喜爱冒险的曼哈顿蚂蚁！

一只讨人嫌的苍蝇

大城市街头的热狗是一回事，但大自然里还有其他类别的死肉需要被清理掉。想想所有的动物——无论大小——死了之后，在哪里倒下就一直倒在哪里。如果它们不能被干脆利落地回收处理，那么事情将变得相当令人不快。

从昆虫的角度来看，尸体是相当便捷的食物来源——它们跑不了，也不会自卫。但是昆虫的动作必须得快，因为尸体富含营养，从而成为众多生物追逐的食物；此外，这场竞争中有体形各异的众多物种参与。在这里，昆虫是真真正正的蝇量级①，而它们的对手是像狐狸、乌鸦、秃鹫和鬣狗这样的重量级选手。昆虫抢食的其中一个技巧是不在尸体上产卵，而是产下已经孵化出来的幼虫，一些麻蝇属（*Sarcophaga*）的成员就会这么做。另一个技巧就是吃得快，长得更快，并且在化蛹前需要长到多大这个问题上表现得灵活一点。

还有一个狡猾的解决办法，就是通过掩埋把尸体藏起来。来自覆葬甲属（*Nicrophorus*）的红黑相间的漂亮葬甲就是这种变魔术的大师。它们两两合作，从尸体下面挖走土壤，再把土盖在尸体上面，用这种方式，它们能够在一天之内将一只死老鼠从地球表面完全抹掉。在地下，它们将尸体团成肉球，产下自己的卵。尽管对育儿地

① 职业拳击比赛的一个量级，相当于112磅（约50千克）比赛。

点的选择让人有点瞠目结舌，它们仍然是无微不至的父母。它们从尸体上咬下小块的肉，再反吐到一开始还没有能力自己消化食物的幼虫嘴里。这是昆虫世界里除社会性昆虫之外，少有的亲代照料的例子之一。

葬甲还有一些不是昆虫的好朋友。当新羽化的葬甲离开它们童年的家时，一群群微小的螨虫会爬到它们身上，搭车前往下一具尸体。这种螨虫只与葬甲共生：它不会飞，靠着搭便车才能找到刚死去的新鲜尸体。作为搭车的回报，螨虫会将尸体中与葬甲竞争的其他虫子的卵和幼虫吃光。

这些前来分解尸体的团队是昆虫世界中很少被提及也很少被奖赏的一隅。葬甲没有熊蜂那样的粉丝团，但它们却是极为重要的生物。

在南亚，人们付出代价才了解到当食腐动物消失时会发生什么。事实上，我们说的这种动物是秃鹫，它们可以说是丽蝇的大块头哥哥，在大多数人中享有类似的坏名声。不过本质是一样的。在世纪之交前后，兽药双氯芬酸（diclofenac）被作为病牛的治疗手段引进印度。令人难以想象的是，仅仅过了15年，这种药就将整个印度99%的秃鹫送上了西天，因为这种物质会残留在死牛身上，然后就传到了吃掉它们的秃鹫体内，秃鹫会罹患肾衰竭而死。诚然，食腐昆虫已经几乎在全速运转地工作了，但它们还是无法独自处理掉如此大量的尸体。其结果就是死牛被留在了原地。一旦秃鹫消失，其他大型食腐动物就现身了——比如野狗，它们的数量会激增。由于它们很多都是狂犬病携带者，天然食尸者的消失所造成的野狗数量大爆炸就成了印度人口中新增的 48 000 个狂犬病死亡案例的罪魁祸首。

食腐动物还能帮助警察进行犯罪调查，因为这里面有一个模式，关于什么时间哪些物种会来到尸体上，而这能被用来帮助人们将犯罪调查中的线索连接起来，最终侦破案件。据说昆虫第一次帮助人们指认杀人犯是在 1235 年，中国的一个小村子里。一个男人被人用镰刀残忍地杀害了，当地的农民被召集起来开会。他们得到指令：随身带上自己的镰刀。调查者让他们等着，因为那是一个日头毒辣的大热天，要不了多久苍蝇就会出现。当所有苍蝇都落在同一把镰刀上时，它的主人万分震惊，当场就招供了。凭借无与伦比的嗅觉，苍蝇们被吸引到了血迹上，即使镰刀已经被清洗过了。

今天，破案手段更加先进了，但基本原理还是一样的：昆虫物种会以一定的顺序，遵循一个特定的逻辑，出现在尸体上。这一原理可以被用来计算死亡时间，在某些案例中，它还可能透露一些关于死因的线索。药物和毒素会在出现在现场的昆虫体内积累，所以能被轻易地检测出来。这样的化学物质还能影响正在进食的蛆的生长速度，也因此能为法医昆虫学家估算死亡时间提供重要信息。

此外，昆虫分布在一定的地理区域中。这方面的知识能用来判定一具尸体是否被移动过，如果现场的昆虫物种通常分布在环境非常不同的地方，或者这个国家的其他地方。有个在夏威夷的一片甘蔗田中发现了一具尸体的案子，尸体上发现的最老龄的幼虫属于一种主要生活在城市地区的苍蝇。原来尸体是先在火奴鲁鲁的一所公寓里放了两天之后才被丢弃到田地里的。

　　昆虫还能为破案做出一份比较间接的贡献。在美国，人们通过落入汽车散热格栅里的昆虫抓住了一个杀人犯。他声称当他的家人在加利福尼亚被谋杀时自己身在东海岸，但是在他租赁的汽车上发现的那些昆虫种类只出现在西海岸。

当大自然发出召唤，昆虫就会应答

　　所有动物都以粪便的形式排出废物。像哺乳动物这样的大型动物拉出的粪便代表了一份显著的生物量①，它可能仍然含有有用的营养，但同样含有大量细菌、致病寄生物和身体想要排除的东西。不是所有生物都有能力去吃这个东西，但是昆虫已经准备好了。甲虫和蝇类尤其喜欢将大便加入它们的菜单。这种工作小组需要一定的专业技能：优秀的嗅觉和快速的反应。当争夺牛粪的战争开始时，如果你想确保能从牛粪派上切下一角，那你的动作就必须要快。

　　有些参赛者，如扰血蝇（horn fly），以牛粪还没拉完就开始产

---

① 在某一特定时间内，单位面积或体积内所含的生物个体总量，或其总重量。

卵而闻名。这很危险，但是有些父母愿意付出任何代价，来确保为自己的孩子创造最佳的成长条件。因为新鲜粪便消失得很快，尤其是热乎的时候，可以说就像刚出炉的蛋糕一样好卖。举个例子，有一项研究显示，在短短 15 分钟之内，就有多达 4 000 只食粪金龟落在了研究者放置的一块体积为 0.5 升的大象粪上。其他研究发现，一旦有 16 000 只食粪金龟参与进来，并且卖力干活，那么要让 1.5 千克的大象粪从地球表面彻底消失只需要几小时。

食粪金龟主要有三种策略：居住者、隧道挖掘者，或者滚粪球者。

居住者喜欢直接住在大餐中间。它向下钻进粪便里，吃饱喝足，并把卵产在那儿。挪威的许多食粪金龟（蜉金龟亚科的成员）属于这一类。居住者策略很冒险——你永远不知道有多少昆虫在同一坨粪便里产了卵，而在最坏的情况下，幼虫会吃到让彼此都无家可归，最终全都饿死。

避免这件事的办法之一是为孩子们搭起一个扩建房，还是自带餐厅的那种。这就是隧道挖掘者使用的技术。它们会在粪便下面或者旁边挖掘通道，这些隧道的长度从 1 分米到 1 米不等。我们经常发现最长的通道都是父母亲通力合作的那种甲虫挖出来的——它们会把粪便的小球或者小卷拖到隧道尽头，然后这里就会成为幼虫的儿童房。

最高级的类型就是滚粪球者，它们拿走自己的那份食物，然后赶快离开。它们会把粪便团成比甲虫本身重 50 多倍的球，滚着它离去——通常走的是直线，不管太阳是躲在了云彩后面，还是黑夜中满天星斗。那么，它们是怎么做的呢？

富有创造力的科学家在他们的野外实验上真的花了很多心思：一些人给甲虫头上戴上小尖帽，给它们挡住阳光；另一些人则用大镜子来控制太阳或者月亮的方位。其中最有创意的或许就是那些把整个实验都搬进约翰内斯堡天文馆，证明蜣螂能利用银河来为自己定向的研究者了。我们已知的能用星星来定向的其他生物只有人类、海豹和一些鸟类。总而言之，研究表明滚粪球的甲虫们能利用太阳和月亮的位置，以及偏振光或者银河来选取路线。

这些特别的甲虫几千年来一直让人类深深着迷。滚粪球的圣蜣螂（Scarabaeus sacer）在埃及神话中扮演着一个核心角色。当埃及人看到这些甲虫推着圆圆的粪球赶路时，他们想起了太阳穿越天界的旅程。这种甲虫成了他们的"神圣金龟子"，象征着日出之神凯布利（Khepri）。这位昆虫神祇有时被画成一只甲虫，有时则被画成一个长着甲虫脑袋的人。

埃及人还看到了在春季洪水后，蜣螂是如何位列最先涌现在尼罗河泥泞河岸上的那批生物之中的。在老蜣螂埋下粪球的地方，年轻的新生蜣螂在几周后从土中爬了出来。从这里可以看出，将圣蜣螂与重生和转世联系起来不算是一个很跳跃的想法。蜣螂护身符被活着的人使用，或者被缠进包裹木乃伊的绷带里，在当时也是司空见惯的事了。

粪便做了这么多

粪便可以被用于很多事情。举个例子，在很多文化里，干牛粪仍然被用作燃料或者建筑材料。在昆虫世界里，我们也可以看到对排泄物的创造性应用的案例。比如，大便假发怎么样？蓝半球龟甲（*Hemisphaerota cyanea*）生活在佛罗里达和邻近各州的菜棕上。随着幼虫咬穿棕榈的叶片，一缕缕漂亮的弯弯曲曲的淡黄色细丝就会从身体末端慢慢挤出来。幼虫将这些淡黄色的粪便细丝工整地排列在后背上，直到它最终成为一顶完整的假发。这顶假发的用处当然是自卫：不管你有多饿，都不太可能会喜欢吃一嘴毛。

有好几种叶甲的幼虫都采用了类似的技巧，但它们不是用的毛发，而是靠恐吓来吓退敌人。淡绿色的绿蜍龟甲（*Cassida viridis*）在欧洲很常见。在一种特殊的"尾叉"的帮助下，它的幼虫会把蜕下的旧皮和黑色的粪便块举在身体上方，来建造屋顶或者遮阳伞。如果敌人靠得太近，幼虫就可以挥舞它的大便阳伞，里面可能还含有幼虫用所吃叶片生产的、用来抵御天敌的有毒物质。

负巢叶甲（来自隐头叶甲亚科）甚至更高级。它们的孩子装备了类似于用屎屎做成的移动住宅：母亲会将每枚卵都产在一个它用自己的排泄物捏成的形状很漂亮的容器里。当卵孵化时，幼虫会打开容器的门，把头和腿伸出来，这样无论走到哪儿，它都可以带着自己的房子了。幼虫自己排的便也被用来给它的可移动住宅添砖加瓦，从而保证住宅总是够大的。当化蛹的时刻来临时，幼虫便爬进去，

把门关上。在那里，它可以恬静而安全地躺着，直到成为一只甲虫
成虫——整个过程便重新开始。

毛皮里的一整个生态系统

有些人觉得树懒很萌。树懒在迪士尼出品的动画片《疯狂动物
城》里被塑造成慢得不可思议，却总是带着笑脸的职员。事实上，有
一次我在野外近距离接触过一只树懒——却一点开心也没感受到！

当时我坐在尼加拉瓜一个村庄的外围，背对着一片休耕地——
有裸露土壤的半开放林地，天上正下着瓢泼大雨。我听到身后有一
阵响动，就转身面向林子。仅仅几米远处——慢慢地，慢慢地，那
目光紧紧锁定着我——我所见过的最怪异的生物走来了，它悄悄
朝我爬了过来，浑身湿漉漉的。那已经是 30 年前了，我却清晰地
记得自己当时在想："老天爷，它看着就像受到核辐射之后变异了
一样！"

拿到生物学学位之后又过了很多年，我才意识到这一定是个难
得一见的场面。树懒是为数不多的真正的树栖哺乳动物之一，它们
尽可能少地在地面上花费时间。但是每周，它们都要排一次便，颇
为奇特的是，它们必须在地上完成这件"大事"。这就是它们容易死
亡的时候，因为它们实在慢得不可思议，几乎无力保护自己。

当时我想起的最后一件事是数一数这只带着凝固笑容、有点令

人害怕的动物前脚上的趾爪。现在我知道了树懒有两类——三趾的和二趾的，每类里面各有几个不同的物种。二趾树懒和三趾树懒非常不同——我们这里说到的是三趾的。

我也没想起来要走到这只动物身边，在它绿褐色的皮毛中寻找蛾子。我现在后悔了，因为树懒的皮毛里包含着一整个生态系统——我们最近才弄清楚这件事。三趾树懒为什么要到地上找茅坑，而不是在树冠上肆意地撒条呢？尤其是考虑到它们要将每天摄入的热量的 8% 花费在这些爬上爬下的路上，还要冒着被吃掉的危险。长久以来，科学家一直在寻求着解释。这么做是为了给它们栖居的树木提供粪肥吗？还是通过公共厕所来与其他树懒交流？

事情并非如此，三趾树懒的皮毛中生活着一种被打趣地称为"树懒蛾"的生物。当树懒蹲在厕所里小憩的时候，蛾子就会从它的皮毛里爬出来，在屎里产下一些卵。这些幼虫愉快地生活在那里，而当它们成长为一只蛾子成虫时，它们所需要做的就是等待树懒下一次惬意地如厕小憩，好搬进安全、温暖的树懒皮毛里。

事情发展到这时才真正开始有意思起来，因为树懒肯定不愿意冒生命危险，只为给蛾子帮个忙，对吧？原来这桩买卖里也有树懒的一些好处。

蛾子在皮毛里排泄、死亡和分解，这会增加皮毛的营养含量，改善一种生长在树懒毛发上（要知道，绝不生长在世界上的其他地方）的藻类的生存条件。树懒把这种绿藻从毛上舔下来，然后吃掉它。这种藻有一个重要的优点：它含有树懒无法从单一的植物食谱中获得的重要营养。藻类还可以起到伪装的作用。

所以总结一下：蛾子对藻有好处，藻对树懒有好处，树懒对蛾子有好处。这是一整个小小的生态系统——都在一只动物的皮毛里。

其他大型动物也可以成为食粪昆虫的宿主，因为这些昆虫发现最明智的做法是待在粪便的源头附近，而不是一辈子都在寻找新鲜粪便。在袋鼠和我们多毛的猿类兄弟中，有些甲虫直接在这些动物臀部附近的皮毛中安了家，所以长出一个没毛的屁股还是有一些你可能从没想到过的好处的。

淹没在粪便里

1788 年，第一头奶牛抵达了澳大利亚，四蹄踏上这片土地。和它一起来的是一群三教九流的人，有 1 480 个男人、女人和小孩——多半是罪犯——还有 87 只鸡、35 只鸭子、29 只绵羊、18 只野鸡，以及各种其他东西。这标志着澳大利亚土著 40 000 年与世隔绝的生活的终结，更不用说动植物的生活了。自从大洋洲在 4 500 万到 8 500 万年前的某个时间与南极洲分开起，它们就已经被隔绝开了。因此，这块大陆到处都是我们这个星球的其他地方找不到的物种——84% 的哺乳动物和 86% 的植物都是澳大利亚特有的。

跟着第一支欧洲舰队一起来的四头奶牛和两头公牛是在航行途中

被接上来的。它们来自开普敦，属于瘤牛，是一个能够适应炎热天气的品种。一个叫爱德华·科比特的罪犯被分配了圈养牲畜的任务，指令很严格，不许牛群离开他的视线。唉，就在黛西缓步走下跳板几个月后，它和其他的牛就消失了——它们趁牧牛人吃晚饭的时候逃走了。

这是一场小小的灾难：这六头牛本该是被用来育种、挤奶和吃肉的。移居者在澳大利亚找不到他们熟悉的可食用植物。尽管有粮食可以播种，许多犯人却没有农耕方面的经验，也并不热衷于学习相关知识。他们甚至连捕鱼也一窍不通。虽然有极为严格的供给定量，给养还是消失得很快，因此几年后，当他们再次发现那些牛时——这时它们已经变成一大群了，简直欣喜若狂。它们轻而易举地在澳大利亚的草场上生存了下来。

一两百年之后，欣喜变成了失望。因为牛儿们会做些什么呢？它们吃草、咀嚼、嗳气，还有排便，并且以庞大的规模来做所有这些事情。一头牛一年会产生多达九吨的粪便，而且还是干重。一头牛每年产生的粪便能够覆盖五个网球场大小的区域。而当牛群兴旺起来时，就会有很多的牛——随之而来的是相当于无数个网球场的牛粪。

到了1900年左右，澳大利亚已经有超过100万头牛了——但是谁要在后面给它们收拾呢？这就来到了故事的重点：澳大利亚没有能分解牛粪的甲虫。当然，准确说来，还是有一些本土食粪金龟的，但是它们已经被又干又硬的有袋类动物的粪便养育了成百上千万年，当然对像瘤牛的大粪糊糊这样的外国料理没什么胃口了。因此，牛粪就这么被留在了地上。它们在那里风干成一块硬壳，就连一片草叶也无法穿透。最严重的时候，每年有多达 2 000 平方公里的牧场变得无法使用。在 1960 年左右，即第一批牛到达约 200 年后，这个国家有大面积的土地由于未分解的牛粪而撂了荒。

唯一愿意费心去处理牛粪的东西是蝇类，但是它们其实帮不上什么忙。澳大利亚有一种近似欧洲家蝇的苍蝇，但它生活在任何地方，除了家里——现在，它特别喜欢生活在因为有牛粪躺在地面上而荒置的地方。这种讨人厌的苍蝇大量繁殖，像其他滋扰人类和牲畜的蝇类一样——这是在大片休耕地不再适合耕种之上产生的又一个麻烦。

新的甲虫必须被引进来，发挥作用。在政府和肉类企业的资助下，一个宏大的计划付诸实施了。15 年间，澳大利亚的昆虫学家对大量物种做了实验，仔细验证之后，释放了 43 个不同的食粪金龟物种，共有 170 万只个体。

计划成功了。超过一半的物种定殖了下来。粪便消失了，苍蝇成灾的现象也显著减少。在此之前，牛粪中的氮素只有一小部分（15%）回归了土壤，甲虫的保洁工作让这个比例上升到了 75%。这个例子表明了分解过程对大自然和我们人类到底有多重要。

尽管很重要，食粪金龟这个群体的处境看起来却并不乐观。在全球，这些物种的 15% 遭受着威胁。在挪威，生活在粪便里的约 70 种甲虫中有超过半数被列为濒危或者近危物种，而且有 13 个物种似乎已经从这个国家绝迹了。食粪金龟在挪威南部的处境尤为艰难，这里为需要新鲜牛粪，最好是夏季温暖阳光下的沙地或者未经施肥的草场上的新鲜牛粪的物种提供了生境。食粪金龟的消失在很大程度上要归罪于农业上的变化。未经开垦的草场会生长过旺，或者长期得不到食草动物的持续性啃食。

另一个麻烦是被广泛使用的除寄生虫药物伊维菌素（Ivermectin），全世界都把它用在牛等牲畜身上。人们发现这种物质能从粪便中被大量排出，并且对前来清扫粪便的金龟造成伤害。这可能会对物种多样性和分解速度造成影响。为了减轻对金龟的副作用，有人建议仅通过注射来用药，从而降低药物在粪便中的排泄量，而且只对寄生虫感染严重的牲畜使用。这样的限制还能帮助延缓寄生虫对伊维菌素的抗药性。

我们对空橡树的研究

空橡树中的生命也遇到了麻烦。我们研究组所做的工作显示，专化性居住在空橡树里的昆虫正在挣扎求生。在许多案例中，我们发现个别昆虫种类出现在极少的地方，有可能只是在几棵橡树里面。这些特殊物种需要的栖息地要有很多暴露在阳光下的外表粗糙的树——这些树上有很多木霉。而这样的橡树寥寥无几。

与其他科学家和助手一道，我研究空橡树中的昆虫生活已经有10多年了。我们把空橡树中多达 1 400 个独特物种的超过 185 000

个不同的甲虫个体鉴定到了种。这里面有些甲虫是只生活在橡树里，或者只生活在空树里，尤其偏爱橡树的特定种类。在挪威，大约有100个生活在空树里的甲虫种类濒危或者近危。

今天，空橡树在挪威享有特殊的法律地位：它们被视为"重点保护的生境类型"，因为它们与如此丰富的物种多样性有关。这些树成为重点保护的生境类型，意味着我们必须对它们给予特别关照，避免破坏它们。我参与了一个监测空橡树的国家项目，这个项目的目标是让我们了解它们的状况和发展。我们希望接下来还能监测生活在那里的特殊昆虫。

如果要守卫这些生物多样性的堡垒，我们就必须保护剩下的巨型空橡树。我们的研究似乎说明，几百年前大量砍伐橡树的行为所留下的痕迹仍然反映在如今空橡树中的甲虫多样性上。这也许是一种延迟反应，被称为"灭绝债务"①，在这种情况下，物种会在栖息地毁灭后徘徊很长一段时间，最终才被迫魂飞魄散。

我们还必须保证要防止在开放景观中生长的橡树周围的植物生长过度。很多专化性程度最高的昆虫在太阳晒到树上，把它晒得温暖又舒适的时候才生活得最好，而且我们必须把眼光放长远，保证在老树死光之前就补充好能变成空树洞的新橡树。

要砍倒一棵挡在发展之路——一条拓宽了的公路，或者一栋新

---

① 指人类破坏生态系统和导致生活在该生态系统内的物种的灭亡之间存在的几十年甚至几个世纪的延迟。

的写字楼——上的空橡树不消片刻。只需一把电锯和 5 分钟时间，这棵在黑死病时期初吐嫩芽，见证过文艺复兴和工业革命兴衰的巨树，就会四分五裂地倒在地上。但是要让一棵同样粗细的新橡树代替它，却要花上 700 年。在这段时间里，昆虫又该生活在何处呢?

从丝绸到紫胶

昆虫的工业

纵观历史，昆虫给予了我们很多极其重要的产品，其中许多产品直到今天都很重要。有些享有盛名，比如蜂蜜和丝绸。另一些你可能从没听说过，或者根本没想到它们是从昆虫身上来的，比如你草莓果酱里的红色素，或者超市里苹果表皮上的那层光泽。

提到昆虫时，我们总是说其数目巨大。当我们把昆虫世界里的所有生物加起来时，即使是这个星球上的 15 亿头牛也显得微不足道了。根据联合国粮农组织的统计数据，全世界有 830 亿只蜜蜂在嗡嗡地飞来飞去，为我们忙碌着。而且每年都有多达 1 000 亿只蚕牺牲了生命，为我们提供蚕丝。

蜡做的翅膀

蜜蜂生产蜂蜜，自不必说，正如我们在第五章中谈到的那样。但是蜜蜂同样生产蜂蜡，一团从它们腹部的特殊腺体中产生的软绵绵的东西，它们用它来建造育儿室和储存蜂蜜的仓库。蜂蜡对人类来说也有很多用途，并且在一段很多人都耳熟能详的神话故事中扮演了主角。

在希腊神话中，代达罗斯（Daedalus）①和他的儿子伊卡洛斯（Icarus）驾驭着代达罗斯用鸟的羽毛和蜂蜡做成的翅膀逃离了克里特岛。在出发前，代达罗斯告诉他的儿子要谨防自满和傲慢带来的危险：如果伊卡洛斯不够努力，就会飞得太低，最终被大海摧毁他的翅膀；可如果他被傲慢所支配，认识不到自己的极限，就会飞得太高，而太阳就会熔化他翅膀的黏合剂——蜂蜡（心理学家可能会在此处批注：这位父亲最好还是告诉他的儿子应该怎么做，而不是教给他所有通往灾祸的道路）。不管怎样，那时候的年轻人显然也不听父母的话：伊卡洛斯飞得离太阳太近，导致蜂蜡熔化，然后他跌到了海洋之中。但至少，他拥有了以自己的名字命名的一片海（伊卡里亚海，是爱琴海的一部分）和一座岛（伊卡里亚岛）。

今天，我们用蜂蜡来制造蜡烛和化妆品，而不是制作翅膀。传统上，天主教堂是主要的消费者，因为做弥撒用的蜡烛必须是蜂蜡做的：人们认为淡黄色的蜂蜡象征着耶稣的身体，而烛焰则代表着他的灵魂。蜡烛被点燃时，燃烧的火苗照亮了我们，而蜡烛本身则被烧尽——牺牲了自己，就像耶稣为人类所做的那样。只有最纯洁的蜡才可以被用于这一用途，而蜜蜂在这一点上得分很高：由于没人观察到过它们交配，它们长久以来被认为是过着禁欲生活的处女。

① 希腊神话中的建筑师和雕刻家。

直到 18 世纪，这个错误的认识才被更正，但是直到今天，规则仍然写明，天主教堂做弥撒用的蜡烛必须含有至少 51% 的蜂蜡。

在像面霜和乳液、唇膏和胡须蜡这样的产品中，蜂蜡的使用变得越来越常见。顺带一提，蜂蜜也是化妆品的一个重要成分。比如说，如果你喜欢跟着网上的某个配方来自制蜂蜜面膜，那么你一定会乐意听到自己与历史名人为伍了：罗马皇帝尼禄的妻子波培娅——她当然无法选择从法国顶级化妆品公司的线上折扣店订购产品——用蜂蜜混合驴奶，做出了自己的面膜。至少这意味着就算你嘴唇上碰巧沾了一些也没有关系！说实话，蜂蜡混合植物油其实是一款非常棒的唇膏。

蜂蜡还被用来给柑橘、苹果和甜瓜保质，并让它们看起来更加闪亮诱人。这种常见的食品添加剂（E901）被用在水果、干果，甚至是营养补充片的表面（紫胶也是如此）。今天，从蜂巢中提取的蜂蜡有很多被用来制造放回蜂巢的新的蜂蜡巢框——多么合适的谢礼啊！

丝绸——配得上公主的织物

丝绸卷动起来如波浪般优美，强韧却轻柔，触感凉爽，并且有一种独一无二的特殊光泽。作为一种高端织物，来自蚕——蚕蛾（*Bombyx mori*）的幼虫——的丝绸被长期特供给中国的皇帝和皇帝近臣，也就不足为奇了。

丝绸的历史听起来就像《天方夜谭》里面的一则故事，充满异域风情却又无比残酷，很难区分是事实还是虚构。两位女强人在这个传说中扮演了核心角色。起初，约公元前 2600 年，中国公主嫘祖正在皇宫御花园里的一棵桑树下喝茶，这时一个蚕茧从树上掉下来，落进了公主的茶杯。嫘祖试着将它捞出来，但是茶水的热度让蚕茧溶解了，把它变成了极为美丽的细丝——长度足够环绕整个花园。而在茧的最里面躺着一只小小的幼虫。嫘祖立刻领悟到这项发现背后的潜能，得到了皇帝的许可，来栽种更多桑树，繁育更多桑蚕。她教宫廷中的女性如何将丝纺成强度足以用来编织的线，从此奠定了中国丝绸产业的基础。[①]

丝绸的生产数千年来都是中国重要的文化和经济因素。事实上，这个国家仍然是世界上最大的丝绸生产国，而且直到今天，蚕茧依然是被放在沸水中来杀死幼虫，以及让纤细的蚕丝松脱的。

中国将丝绸的秘密保守了很长时间。终于，被称为丝绸之路的贸易线路在中国和地中海诸国之间开通，丝绸在地中海是一项重要的货品，因为罗马人很喜爱它。话虽如此，有些人却认为这种新兴的、几乎透明的织物是不道德的；事实上，有些人想得太远，他们声称丝质衣裙就是对通奸行为的邀请，因为它们几乎没有给人们留下什么想象空间。

---

① 嫘祖传为西陵氏之女，黄帝正妃，传说中养蚕治丝方法的创造者。此处的"中国公主""皇宫御花园""公主""皇帝"应为讹传。

即便如此，我们还是可以推测，是罗马帝国为了买丝绸花掉的黄金的数量让人们觉得不道德，而不是织物本身不道德——因为中国垄断丝绸产业为其赚取了巨额的收入。因此，人们同样被严令禁止泄露这个秘密：试图将桑蚕幼虫或者卵走私出国的人会被判处死刑。

最后，秘密还是流出来了。如果我们愿意相信众多传说中的另一个的话，那么又是一位女性在其中扮演了核心角色。据说，一位中国公主嫁给了于阗的王子，那是一个位于今天的中国西部，处在丝绸之路沿线上的佛教国家。离开时，公主将桑蚕卵和桑树种子藏在头饰里偷偷带出了国。通过这种方式，这个秘密传播开来，垄断被打破，其他几个国家开始生产丝绸。今天，每年有超过 200 000 吨蚕丝被生产出来，用来制造服装、自行车轮胎和手术线。桑蚕仍然是主要的生产者，虽然人们也会使用其他几个有亲缘的种类。

悬丝吊挂

蚕并不是唯一会吐丝的昆虫。在进化过程中，这项技能在昆虫当中很可能出现了 20 多次，比如草蛉（green lacewing）就会把自己的卵固定在丝质的短柄上。它们的样子像是小小的棉签，末端的卵像是小小的棉团，其目的在于防止蚂蚁等饥饿生灵的染指。石蛾幼虫会在溪流中织造丝质的陷阱网，用以捕获小型生物当作晚餐；

蚊子的某种亲戚——被称为蕈蚊（fungus gnat）的幼虫会编织一张陷阱网，用来收集真菌下面的孢子，或者诱捕小昆虫。有些蕈蚊的幼虫甚至是有荧光的，它们发出一种蓝绿色的亮光——尽管没人能够真正解释这是为什么。和新西兰的洞穴中作为捕食者，并用光亮引诱食物落到网上的发光蚊类幼虫不同，我们欧洲的扁角菌蚊科（*Keroplatus*）的种类似乎满足于从真菌孢子中获取蛋白质，所以找不到理由去做电灯泡玩。

有些种类的舞虻（dance fly）的雄性会用丝包住一份令人愉快的"彩礼"来送给雌性。雄虫本身并不是捕食者——它们与世无争，依靠吃花蜜来维持生活——但是为了那贪婪的、嗜蛋白质如命的情人，它们愿意做任何事，于是它们会去诱捕一只昆虫（最好是一只雄性，因为这会减少对雌性的争夺——可以说是一石二鸟），将猎物精美地包裹在由其前足上的特殊腺体所产生的丝线中。这是一位带着礼物的求婚者，它甚至不怕麻烦地亲自包装——听起来令人愉快，但现实并不是特别浪漫。和往常一样，这个行为只是表明隐藏着的进化之手在起作用。有一种理论是，礼物越大，包装得越好，雄性能够交配的时间就越长。因此，它就能传输更多的精子，有更多的机会将自己的基因传递下去。而雌性收到一份沉甸甸的蛋白质也是非常棒的，因为产卵是一份需要消耗大量能量的工作。

但总是有些耍小把戏的骗子，它们试图不劳而获：有些雄性送给雌性的是一个空的丝球——接下来它们必须高度警觉，在"女士"发现自己被耍了之前完成这场交配。

纺织界的奇迹：蜘蛛丝

我们没法在谈论丝时不提到蜘蛛，虽然它们属于蛛形纲，不是昆虫。根据希腊神话，这个群体是以变成第一只蜘蛛的人来命名的：一个叫阿拉喀涅（Arachne）的才华横溢的纺织匠，她不知天高地厚，非要挑战希腊的战争和智慧女神雅典娜，号称自己是更厉害的纺织匠。她因傲慢自大而得到的惩罚就是变成一只蜘蛛。结果证明阿拉喀涅是一位多么伟大的上古先祖啊！今天，我们已经认识了 45 000 多种蜘蛛。而且蜘蛛丝并不只是用来捕获蜘蛛的猎物的，还是对蜘蛛缺少昆虫远亲身上那令它们只有羡慕的份的翅膀的一种补偿。爬到空中的一个地方，拉出一段能被风吹动的长丝，小型蜘蛛就可以利用自己的放风筝技巧来御风远行了。

蜘蛛丝的质量令人印象深刻。就单位重量而言，它的强度比钢的大六倍，同时又有很高的弹性。这就是为什么一只误入蛛网的较重的苍蝇没法直接撞穿它。反之，蛛网会向后弹，有点像帮助战斗机降落在航空母舰上的拦阻缆。这样由蛛丝构成的纤薄纺织物就能够拦住飞行物，这项特性可以被用来制造超轻防弹衣、高效抗冲击力头盔和新型汽车安全气囊，只要我们知道如何搞到足量的蜘蛛丝……

实验显示，从一只蜘蛛身上可能获取约 100 米长的蛛丝，但是当你想要大规模地生产时，麻烦就来了。和肥胖懒散、满脑子只想着吃桑叶和吐生丝的桑蚕幼虫不同，蜘蛛是捕食者，会毫无愧疚地吃掉彼此，因此要把它们关起来，建立工业规模的蛛丝生产并不是特别容易。

2012 年，一件由马达加斯加的络新妇（golden orb spider）吐出的蛛丝织成的美丽的金色连衣裙在伦敦的维多利亚和阿尔伯特博物馆展出时，参观人数打破了纪录。这没什么可惊讶的，因为这是一件真正了不起的衣服，花了 4 年时间才制成。每天早晨都会有 80 名工人去采集新的蜘蛛。它们被挂在一个手动操作的小机器上，在那里被"挤"出蛛丝，然后工人到了晚上再放掉它们。总的算来，需要 120 万只蜘蛛。

显而易见，这对工业生产来说是一个不可持续的选择，于是人们开始思考别的方法。2002 年，第一只"蜘蛛山羊"诞生了。在基因技术的帮助下，科学家很容易就把蜘蛛的"吐丝基因"转到了一只山羊身上，接着后者产出的羊奶便含有与产生蛛丝有关的蛋白质。这引起了广泛的媒体关注，但还没有获得任何值得一提的实质性结果。挪威的邻国也投身于生产人工合成蛛丝的竞赛中。最近瑞典人宣称，他们已经用细菌产生的水溶蛋白生产了整整 1 公里长的蛛丝。蛋白质溶液会在化学条件改变时固化为蛛丝，这与蜘蛛纺器开口处发生的事情完全相同。

要实现商业生产，我们还有很长的路要走，而这也许没什么可奇怪的：毕竟，蜘蛛可是花了大约 4 亿年的时间才让蛛丝达到完美的。

感谢昆虫带给我们 700 年的文献记录

莎士比亚的戏剧、贝多芬的交响乐，林奈的花卉素描、伽利略的日月手绘，斯诺里的传奇故事、美国的《独立宣言》。所有这些东西有什么共同点？它们都是用铁胆墨水写成的。这是一种紫黑色的墨水，我们为此要感谢一种昆虫，一种叫作瘿蜂的微型昆虫。这些小动物是草木上的寄生物，在橡树上最为多见。瘿蜂会分泌一种诱发植物生长的化学物质，这会让植物在一只或者几只幼虫周围形成一间房子兼食物储藏室。

虫瘿（gall）[1] 有很多类型。其中常被用来制造墨水的一种就是橡树虫瘿，又叫"橡树苹果"。事实上，它看起来的确像一个小苹果——形状浑圆，带着绯红的色泽——只可惜它碰巧卡在了一片橡树叶子上。

在橡树苹果的内部，瘿蜂幼虫高枕无忧地大口啃食着植物组织，它们受到保护，不怕任何敌人。好吧，只能说是部分，因为有些寄生物自己也有寄生物：前来觅食，并且拒绝离去的不速之客——比如因为没有自己的虫瘿就直接搬进其他瘿蜂的虫瘿里的客居瘿蜂。比这更坏的是那些用长长的产卵器刺穿虫瘿外壁，并在居住其中的瘿蜂幼虫体内产卵的闯入者。结果，从虫瘿里孵化出来的虫子可能与始作"瘿"者相去甚远。

---

[1] 因昆虫或螨类的取食刺激引起植物组织局部增生而形成的瘤状物。

橡树虫瘿的外壁含有一种单宁酸（tannic acid），所以很坚固。这种酸天然存在于很多植物体内，它就是与你的皮夹克和上等红酒都有关的那种物质。单宁酸在皮革鞣制过程中至关重要，与此同时，一位品酒大师也能根据葡萄酒中的单宁酸来辨别葡萄的品种和储存方法。

最早的墨水产于公元前几千年前的中国，用的是灯烟里面的碳。将灯烟与水和阿拉伯树胶——一种从金合欢树中提取的天然树胶——混合，就会让灯烟悬浮在液体中。但如果你很不幸地把一杯茶洒在你的作品上，那么你的思想可就永远遗失了。碳墨是水溶性的，容易洗掉——当人们缺少纸帛竹简时，他们是很愿意用这种方法的。

后来，人们学会了用橡树虫瘿混合一种铁盐和阿拉伯树胶的方法来制造墨水。这种新型墨水的巨大优势在于它是不可溶的：它会渗透进用来书写的羊皮纸或者草纸里。此外，它不会结块，并且容易制造。从 12 世纪一直到 19 世纪，铁胆墨水都是西方国家最常用的墨水种类。

如果不是小小的橡树瘿蜂，我们远不能确定是否会有如此多来自中世纪和文艺复兴时期的伟大艺术家和科学家的保存完好、字迹清晰的文献。如果我们只有灯灰墨水，那么许多古老的思想、曲调和文本都将被水洗刷掉——要么是因为保存条件过于简陋，要么是因为有人想要重新使用这张羊皮纸。

胭脂虫红：西班牙人的骄傲

　　昆虫提供给我们的颜色不只是铁胆墨水的黑褐色，它们还为我们提供了一种几百年间只在西班牙殖民地产出，至今仍用在食品和化妆品上的美丽又鲜艳的大红色。

　　胭脂虫红是从一种特殊的介壳虫（胭蚧科）的雌性体内获得的，这是一种指甲盖大小的奇特生物，又叫胭脂虫。它们的天然栖息地在中南美洲，雌性没有翅膀，会紧紧地扒在仙人掌的保护层之下，在一个位置上度过整整一生。

　　这种染料早在欧洲人到来之前就已经被阿兹特克人和玛雅人所知晓，他们还培育出了一个品种，能产生更浓郁的红色。由于这种颜色在中世纪晚期的欧洲既难生产又很昂贵，干燥的胭脂虫就成了西班牙殖民地最重要的商品之一，价值与白银相当——因为胭脂虫红是一种浓重且牢固的红色，能够抵抗日晒，不会褪色。英国士兵著名的"红大衣"就是用胭脂虫红染成的，还有伦勃朗等画家也在绘画中使用了这种颜色。

　　由于干燥的虫体很小，也没有腿，而且这是在显微镜出现之前的时代，欧洲人很长一段时间都不确定胭脂虫红的颗粒是起源于动物、植物还是矿物。西班牙人将秘密牢牢地保守了将近200年，来保证自己的垄断地位和这种小小的昆虫给他们带来的巨额收入。

如今，胭脂虫红大部分产自秘鲁。这种 E 编码 [1] 为 E120 的色素被用在很多红色的食物和饮品上面，比如草莓酱、金巴利开胃酒、酸奶、果汁、酱汁和红色糖果。你还可以在各种化妆品里面找到它，比如唇膏和眼影。

紫胶：从清漆到假牙

软心糖豆、黑胶唱片、小提琴和苹果有什么共同之处呢？当然是都有一种从昆虫体内提取的物质啦。这是一种有着多到不可思议的用途的产品，然而你很可能从没有听说过它的来源。我们说的这种物质是紫胶——一种由紫胶虫（它是给我们提供胭脂虫红的胭脂虫的一个近亲）分泌的树脂状物质。东南亚很多树种的树枝上有成堆的这种小玩意。根据一些资料，这个名字起源于梵语词 lakh，意思是十万，指的是在一个地点能够发现的这种昆虫的巨大数量。（打个岔：同样的资料指出，挪威语中的"鲑鱼"一词 laks，基于同样的原因，与紫胶有着同样的语意来源，因为交配季节中鲑鱼会聚集起庞大的数量。）

紫胶虫有好几种，但是最常见的"高产"种类就是紫胶蚧（*Kerria lacca*）。紫胶虫是半翅目大家族的成员，一生中的大部分时间，它们

①E 是 Europe（欧洲）的简写，E 编码是欧盟为各种食品添加剂编订的标签。

的喙管都插在植物里。这么说来，它们可是一种相当枯燥乏味的存在。但是老天爷呀，这个小小的生命给予我们人类的是什么东西啊！有一篇科学论文说得很夸张："紫胶是大自然赐予人类的最珍贵的礼物之一。"

养殖紫胶虫的传统可以回溯到很久之前。公元前 1200 年的印度文献中就提到了这种昆虫，而老普林尼则在公元 77 年的书稿中将它形容为"来自印度的琥珀"。但是直到 14 世纪末，欧洲人才开始注意到这种产品，先是作为染料，然后是作为清漆——换句话说，就是你涂在木材上以形成光滑防水表面的一种物质。漂亮的家具、木制品，还有小提琴，过去传统上都是用紫胶来处理的。

但其实它还有许多其他的应用领域。从 19 世纪末到 20 世纪 40 年代的 50 年间，紫胶都是黑胶唱片的主要原料。将它与碾成粉末的岩石和棉花纤维混合，可以用来制造挪威人过去称为"steinkaker"或者"石头糕"的东西：清脆易碎的 78 转唱片（换句话说，就是每分钟转 78 圈的碟片）。它对声音的还原度一般般，但是早期的播放机——或者在当时叫作"说话机"——在那个时候可是个巨大的乐趣。要知道，收音机还没有变得很普遍呢：世界上的第一次公共收音机广播要到 1910 年才在纽约播送，而在挪威，广播试播要到 1923 年才开始。因此很长一段时间内，黑胶唱片为人们提供了唯一一个给自己的起居室请来"真实的"管弦乐团或者乐队的机会。

20 世纪的唱片产量如此之高，以至于美国当局都开始担心了，因为紫胶对军事工业也很重要，它被用在雷管上，被用作弹药的防水密封剂，还有一些其他的应用。1942年，美国当局命令唱片行业将紫胶的消耗减少70%。

可是这样一种有着如此多样应用领域——清漆、颜料、釉料、珠宝和织物染料、假牙和填充物、化妆品、香水、电气绝缘材料、密封剂、用来复原恐龙骨骼的胶水，还有食品和制药工业中的众多其他领域——的物质，这些小昆虫是如何生产的呢？

一切都要从落脚在一根合适的树枝上的成千上万只小小的紫胶虫若虫开始。它们用自己的刺吸式口器啜饮着植物的汁液，后者会在它们体内经历一种化学变化，成为一种树脂状的橙色液体，从身体后面慢慢渗出来，一接触到空气就会变硬。它会形成小小的、闪光的橙色"屋顶"，起初只能覆盖住单个虫体，但会逐渐融合成一个庇护整个居群的巨大房顶，可以覆盖一整条枝杈。蜕过几次皮之后，介壳虫的成虫就会羽化出来，然后开始交配和产卵，房顶会好好地保护它们。此后，成虫会死去，卵会孵化出成千上万的新生若虫，它们钻破树脂房顶，开始为自己寻找一条适宜生存的新树枝。

为了生产紫胶，必须把树脂外壳从树枝上剥下来。然后将它碾碎，清理掉昆虫碎片，接下来就可以准备出售了——以琥珀色小碎片的形式，或者溶解在酒精里。

如今，大多数的紫胶生产都在印度进行。好的一点在于从事这份工作的是农村的小农。据估计，有300万到400万人——其中很多几乎没有其他赚钱途径——靠养殖紫胶虫来养活自己。此外，这项产业对维持这种小型家养动物所在"牧区"的物种多样性有益。

其中一个原因是这片"牧区"极少使用或者根本不使用农药，因为这会将紫胶虫的生命置于危险之中。

紫胶虫皮肤护理诊所——专治黯淡无光的苹果

在水果货架上，那些闪着光泽的苹果是不是看起来很美味？不必惊讶，因为它们在紫胶虫皮肤护理诊所做过抛蜡。事情是这样的：我们人类采收苹果之后，会在清洗时除去苹果的天然蜡层。而没有了蜡，苹果很快就会变成皱皱巴巴、令人毫无食欲的食物，很少有人愿意去卖，更很少有人愿意去买，所以苹果必须重新打蜡——这就是紫胶现身的时刻，就像某种抗皱面霜一样。

很多其他种类的水果和蔬菜也会经历一轮打蜡，保证它们保鲜时间更长，看起来更诱人。紫胶被批准使用在柑橘类水果、甜瓜、梨、桃子、菠萝、石榴、杧果、鳄梨、番木瓜和坚果上。2013年，挪威还批准用紫胶来给鸡蛋抛光。这是为了让鸡蛋变得好看、有光泽，并且延长它们的保质期。

在E904这个编号的包装下，紫胶还成了多种糖果，比如软心糖豆、糖衣巧克力、糖果锭剂之类的上釉剂。这种釉剂有着很多别名：虫胶、紫胶树脂、紫虫胶、糖釉，或者甜食釉。

紫胶也被用在化妆品上：在发胶和指甲油里，还用作睫毛膏里的黏合剂。它还被用在胶囊类的药片上，而这不仅仅是为了让外表有光泽，因为紫胶不容易在酸中溶解，所以它可以被用来制造"缓释"胶囊。换句话说，胶囊只有在进入肠道时才会溶解。

一旦你意识到这种产品会在多少个意想不到的地方冒出来，那么有人将紫胶称为大自然赐予人类最珍贵的礼物之一，就不会再显得那么奇怪了。

救生员、先锋和诺贝尔奖得主

昆虫给我们的启发

　　魔术贴是一项天才发明。我们把它用在运动鞋和夹克、儿童露指手套和滑雪板绑带上。这一切都是从一位瑞士工程师带着狗出门打猎，结果每次回家时，笨蛋狗身上都粘满了带倒刺的植物果实，让他不胜其烦开始的。这促使他仔细研究了一下这些巧妙的种子传播机制：用小钩子钩住来往动物的皮毛。嗯……也许这是一个值得效仿的主意？而这就是魔术贴出现的缘起。

　　工程师和设计师正在越来越多地从自然界的解决办法中寻找灵感。大自然花了几十亿年来完善自己的解决办法，而进化则催生了数不清的巧妙结构和功能。

　　说到精明的解决办法，昆虫是一个很好的示范，因为它们的数量如此之多，又如此擅长适应环境。我们可以把它们作为模式生物，就像对果蝇所做的那样。我们可以让它为我们做我们做不到的事，比如爬进坍塌的建筑，或者帮助我们分解塑料。也许它们能够为我们提供应对抗生素危机的新办法，改善人类的心理健康状况，甚至让星际旅行成为可能。有一件事是确定的：在未来的很长一段时间内，我们都将从它们身上汲取灵感，模仿它们。

仿生学：自然母亲知道得最清楚

根据《牛津英语词典》，仿生学是指以生物学实体和生物学过程为模型，来设计和制造材料、结构和体系。受昆虫启发的仿生学案例数不胜数。蜻蜓为无人机技术提供了灵感，而腹部拥有热感器的松黑木吉丁虫（black fire beetle）——它们在森林火灾的余烬中产卵——最近正在被美国军方等单位研究，希望能够开发出更好的热源追踪传感器。

一个蕴含着巨大潜力的重要发现是，在很多情况下，昆虫的颜色并不是色素作用的结果，而是来自反射特定波长的光的表面特殊结构。其结果是产生了一种有着强烈金属光泽的颜色，会随着视角而变化，就像中南美洲的丛林里出现的耀眼夺目的蓝色闪蝶（morpho butterfly）那样。结构色的知识也许能帮助我们制造不会褪去的颜色，还有更先进的太阳能电池板和手机屏幕，以及新型的布料、颜料和化妆品，甚至还有无法被伪造的钞票。

对着你的钞票哈气

美丽的伊莎贝拉分胸天牛（*Tmesisternus isabellae*）仅有的已知栖息地是印度尼西亚的一小片区域，它会根据空气湿度来改变颜色。空气干燥时，这种甲虫是金色的，带有暗绿色条纹。如果湿度上升，

它的金色就会变成红色。中国的化学家近来模仿了这个把戏，将它
应用在了印刷技术上。

科学家预计，这种在昆虫的启迪下出现的墨水可以被用来印制
无法伪造的钞票。如果你想要检查钱是不是真的，只需要在上面哈
一口气，看看它变不变色。以这种方式，一种独特而稀有的甲虫正
在帮助人们打击造假和诈骗。

于是，接下来唯一要担心的就是如何把钞票放在一个安全、防
虫的地方了——尤其是在南方，那里的白蚁可以吃掉任何含有纤维
素的东西，哪怕只有一丁点，包括钞票。事实上，印度的白蚁啃掉
大笔财富的情况已经发生过好几次了。2008 年，它们吃光了一位
印度商人保存在村镇银行的所有闲置现金，而在 2011 年，它们嚼
完了一个银行保险库里成堆的卢比票子，总价值超过了 100 000
英镑。

白蚁技术创造了节能塔式大楼

说到底，一旦我们了解到通过模仿白蚁在建筑问题上的解决方
案能够节省那么多钱，那么或许我们就能原谅白蚁到处吃卢比的行
为了。看哪，白蚁给了我们几个超棒的点子，让我们可以开发一种
更天然的空调系统，从而提升高楼里的能源利用效率。

非洲的巨型白蚁塚可以拔地而起好几米高，里面居住着成百

上千万只白色或者浅褐色的白蚁个体。尽管外面如烤箱般炎热，蚁塚里面的温度却始终宜人。而在下面深深的巢穴中，也许是地表之下1米深的地方，蚁后陛下正趴在温度正好、氧气充足的王室中，飞快地将卵挤出来。在它周围，成千上万只工蚁在照看着如蚁塚里的工业厨房般的真菌圃，那里为千百万只白蚁准备着食物。但是真菌很挑剔，只在非常接近30 ℃的温度里才长得好——温度高一点或者低一点都不行。白蚁是如何做到让巢内温度保持恒定的呢？

原来，这里有一个巧妙的空气管道系统，利用了蚁塚外日夜交替过程中的温度波动，创造了一股在整个建筑结构中流动的气流。这种"人造肺"确保了凉爽又富含氧气的空气被吸到下方，而富含二氧化碳的暖空气则被赶了出去。

建筑学家在建造东门中心——哈拉雷的一座购物和办公综合大楼时，照搬了白蚁的巧妙设计。尽管东门中心是津巴布韦最大的购物中心之一，它却没有任何常规的冷气和暖气。反之，它使用的是被动散热，应用了白蚁所使用的原理。结果，这座大楼只消耗了一座拥有标准机械化空调系统的同等规模的大楼所消耗能量的10%。

从褐变香蕉到诺贝尔奖

你很可能对果蝇——这些从你的水果上飞起来时聚成一团云雾

的懒洋洋的小东西很熟悉。或许它们很让人讨厌，但事实上，这些红眼睛的小生灵可是至少六个诺贝尔奖的得主。

这个家族的拉丁文名字是 *Drosophila*，即"热爱晨露的家伙"，这听起来比果蝇诗意多了，并且反映了一个事实——这些昆虫原本栖息在温暖潮湿的热带气候里。今天，果蝇家族的许多物种遍及全世界（除了南极洲）。这些不经邀请就出现在英国人厨房里的物种有一个共同特征，就是它们能够在正在腐烂、发酵的有机物，比如堆肥、熟过头的水果，或者罐装啤酒剩的底里旺盛地繁衍。它们会在那里产下卵，然后以打破纪录的速度发育。

诚然，它们很讨人厌——我们更希望昆虫别动我们的食物，而是安于户外的生活。但是这些翅膀轻盈的小动物其实比你可能认为的更加重要。事实上，黑腹果蝇（*Drosophila melanogaster*）是实验室的无冕之王，作为研究和实验的关键一员已经有 100 多年了。

果蝇拥有一大堆使它们特别适合研究的出色特性：它们很廉价，容易在实验室饲养，以超声速的节奏生活，还拥有不计其数的后代。此外，我们对这个物种的遗传物质或者叫 DNA 有着很好的了解，在2000 年就已绘制出了它完整的基因图谱。不是想冒犯谁，但我可以说，人类基因与果蝇基因的近似程度比我们想象的更大。举个例子，一项研究检视了人类身上精选的一组与疾病相关的基因序列选段，发现其中的 77% 也出现在果蝇身上。正是这种相似性让对果蝇的研究成为理解各种各样的，甚至是出现在人类身上的现象的一个如此有用的途径。在染色体及其特征传递的方式上，果蝇教会了我们许

多。这让托马斯·亨特·摩尔根（Thomas Hunt Morgan）在 1933
年赢得了诺贝尔奖。过了 13 年，在被大量的辐射蹂躏过后，这种小
蝇子与赫尔曼·穆勒（Hermann Müller）因揭示了辐射会导致突变
并造成遗传损伤而又一次赢得了诺贝尔奖（1946 年）。1995 年，诺
贝尔生理学或医学奖又一次花落我们这个长着翅膀的小朋友家，与
之一道的是一支强大的三人团队，他们做了范围相当广泛的研究工
作，揭示了基因是如何在胎儿生命的早期阶段控制发育的。接着在
2004 年，诺贝尔奖颁给了对果蝇嗅觉系统的研究，而在 2011 年，
则颁给了对它的免疫防御的研究。2017 年，果蝇获得了它迄今为止
的最后一次诺贝尔奖——这一次是颁给了对控制生命体昼夜节律的
内置时钟的研究。最近的这些奖项特别好地说明了果蝇研究可以在
很大程度上代换到人类身上。

　　就连我们在果蝇身上发现的最烦人的事情——它会受正在发酵
的，尤其是含有酒精的东西的吸引——原来也是有用的。对果蝇“嗜
酒性”的研究是一项严肃且重要的工作，但同样涉及很多与人类的
类比，这一定会让慕尼黑啤酒节上的对话热烈起来的。就好比酒精
过量会让雄性果蝇变得黏人，对性事狂热，同时又降低它们交配成
功的概率。再比如当雄性果蝇在约会市场上出局时，它们会比成功
交配了的对手喝得更多，来“借酒浇愁”。

　　仿佛这还不够似的，果蝇还在增进我们对像癌症和帕金森病这
样的疾病，以及失眠和时差综合征这样的现象的了解，所以下次你
再发现自己在厨房里咒骂这些小苍蝇的时候，可能就得拿出点尊重

来了。在架设一个合适的果蝇陷阱时，或许你至少可以向生物制药研究中最重要的生物之一轻轻地道一声小小的感谢。

蚂蚁给了我们新的抗生素

细菌正在对抗生素产生越来越强的抗性——这是一个很大的，且日益严重的问题。根据世界卫生组织的说法，这个问题会造成每年 700 000 人的死亡。生态学和进化的知识是与抗生素抗性之战的关键工具，而昆虫正在为解决方案的提出做出贡献。

蚂蚁是一个尤为有趣的研究对象。它们在大型社群里紧密地生活在一起，需要很好地防御细菌和真菌，以防止整个居群的死亡。这就是为什么蚂蚁的身体上长着两个特殊的可以产生抗生素的腺体。它们用前足将抗生素抹遍自己和姐妹们的全身，实验也显示，当真菌孢子出现在蚁巢里时，这种行为的出现频率会增加。

切叶蚁——那些将叶子带回家，把它们嚼成碎块，用作真菌培养基的蚂蚁，在真菌侵染的问题上面临着额外的挑战：其他的寄生性真菌有时会试图在蚂蚁的菌圃中定殖。如果成功了，它们就能一举杀死作为庄稼的真菌和蚂蚁本身，因此蚂蚁针对这样的入侵者，发展出了一种强有力的防御手段：与生活在蚂蚁身体上的特殊袋子里的细菌合作，产生一种杀死入侵真菌的抗生素。这是一种非常默契的合作，已经经过了成百上千万年的不断完善。因此，通过研究蚂蚁与细菌之间的这种合作，我们得到了大好机会，来发现高效杀死真菌和细菌的方法。已经有好几项发现获得了专利许可，包括一种来自切叶蚁的名为 Selvamicin 的杀灭真菌的抗生素，它可以有效地对抗白色念珠菌（*Candida albicans*）造成的酵母菌感染，白色念珠菌是我们许多人在口腔或者生殖器感染中遇到过的一种真菌。

幼虫疗法

我总是乐意看见带有昆虫图案的衣服或者珠宝。它们并不会频繁出现，尽管如今我们经常可以在服装和经典款的珠宝上看到一只美丽的蝴蝶或者毛茸茸的熊蜂。但是蝇类呢？很少见。我做了一个极不科学的小试验：在网上用挪威语搜索"蝴蝶珠宝"，得到了大约 1 000 个结果；如果我把"蝴蝶"换成"丽蝇"，就一个结果也得不到。

我们把丽蝇视为疾病的传播介体 ①，但其实这些昆虫可以通过在我们被感染的伤口中进食来治愈我们。下面这个故事听起来让人反胃，却已经是旧闻了。成吉思汗是 13 世纪蒙古的一位军事领袖，他建立了世界历史上领土面积最大的帝国，从韩国一直延伸到波兰。

---

① 携带对其他生物具有感染性病原体的昆虫。

他创建这一帝国靠的不是外交和谈判，而是残酷无情的战争。根据传说，他在作战时总是带着满满一车的蛆。它们被放在他士兵的伤口上，这会让伤口愈合得更快，于是这些人就可以更快地被送回到战场上去了。

这种幼虫疗法同样被极为成功地应用在了拿破仑战争时期、美国南北战争时期和第一次世界大战时期。在我们发现抗生素的神奇特性之后，幼虫疗法才被人们遗忘。然而最近，它又重新回到人们的视野，很大程度上是因为有了多种抗药性的细菌。

丝光绿蝇（*Lucilia sericata*）的幼虫是最常被用于此目的的物种之一。这种苍蝇可以在英国全境的户外找到。当被用于医疗目的时，关键在于要让蛆在被放到伤口上之前是无菌的，所以它们是在特殊的实验室里养殖的。蛆常被放在一种粗网眼茶包里来保证它们不会逃跑，但它们仍然能从网眼里把头伸出来，完成自己的工作。它们的工作包含多项任务：幼虫会产生抗生素的类似物，以及改变伤口pH 值的物质，从而抑制伤口中的细菌生长。它们还会直接吃掉伤口中的死亡组织。在有些情况下，人们还发现它们能够产生促进新组织生长的物质。它们只吃死掉的组织和脓，不会去碰伤口周围的活组织。

涉及丽蝇的一个更有创造性的实验是在 20 世纪早期，由蝇蛆大王——一个相信人类吸入苍蝇幼虫的挥发气体既卫生又健康的英国人实施的。这个小伙子患有肺结核，却确信是他自己为了经常钓鱼出游而养殖的蝇蛆让他保住小命的，并且很渴望将自己的知识与其他患者分享，于是每年夏天都会有好几吨死动物送到他这里，一般是动物园送来的。他会把它们丢在户外，直到它们爬满了蛆，他才将蛆采收，然后转移到特殊的容器中，放在室内，放在他所谓的蛆房中。那是些木头搭的小窝棚，病人坐在一个个装蛆的容器和恶臭的腐肉之间，拿着一本书、一手牌，或者与其他病人友好地聊着天，自得其乐。

这个商业想法实在是糟透了！我想应该没有几个读者会对此感到惊讶。方圆几英里的人都能闻到蝇蛆大王的农场散发出的臭气，而且他的观点几乎得不到任何科学上的支持。尽管有好几个病人做证，说他们的健康状况在置身于腐烂动物之间后有所好转，但是吸入蛆气从来都没有成为商业上的成功。但也许未来会证明蝇蛆大王并没有完全走错路。丽蝇幼虫似乎会产生一种气体挥发物，可以抑制一种常被用作检定菌①的肺结核细菌非致病近亲的生长。虽然尚待考证，但为了健康着想，那些用活饵来钓鱼的人或许不妨在他们的蛆罐上面多做一次深呼吸。

作为宠物的蟋蟀

昆虫还对我们的心理健康有好处。大家都知道养宠物能提升你

---

① 用于微生物测定和其他检查用的标准菌株。

的幸福感，改善你的健康，而在东方，人们将昆虫养作宠物已经有几千年了。尤其是在中国和日本，他们常常用笼子养蟋蟀——蝗虫的近亲。最主要的吸引力来自它们美妙的歌声，但是在 13 世纪的中国，组织斗蟋蟀也是很流行的。事实上，直到今天，中国仍然在举办一年一度、为期两天的斗蟋蟀锦标赛。而这只是 100 多个与昆虫相关的中国传统节日之一。

日本的孩子捕捉（或者如果住在城里的话，就买）大号雄性甲虫，安排它们打架也是一个常见的爱好。我们这里说的是这个星球上的一些最大的甲虫种类，它们长着强有力的角或者长长的上颚，雄性就用这些来打斗。在日本，和在美国一样，还有人组织颇受欢迎的巴士游，这样人们就可以在特殊的地点看到萤火虫（它们是甲虫，而不是蝇类）在夜间飞舞了。

现在，人们正在试验，看昆虫宠物能否作为一种老年人护理的现代办法——当然啦，是在亚洲。如果韩国的老人有满满一笼子的蟋蟀要照看，那么会发生什么呢？

有将近 100 位平均年龄为 71 岁的韩国人接受了诸如抑郁、焦虑、压力等级、睡眠困难以及生活质量这样的心理指标的测试。此后，他们被均分为两组。在两组都接受了健康生活的指导和每周一次电话随访的同时，只有半数的供试对象被发放了一个装着 5 只鸣叫着的蟋蟀的笼子。此处的蟋蟀种类是南方油葫芦（*Teleogryllus mitratus*）——生活在东南亚的一种庭院蟋蟀，人们公认它的"歌声"是极为美妙悦耳的。

两个月后，所有参与者都再次接受了面谈和测试。几乎所有老年人都喜欢他们的蟋蟀，他们中有四分之三觉得照顾这些昆虫改善了他们的心理健康状况。测试结果也显示，被测量的几个指标上出现了轻微的改善，尤其是抑郁水平的降低和生活质量的提高。

一只装在笼子里的蟋蟀的优点在于它很便宜，而且也不用怎么照顾——老人不用带它们出去透气，给它们剪爪子，也不用给它们梳毛。但看着蟋蟀在笼子里蹦来跳去和歌唱对他们是有好处的，而且它只是时不时地需要一点点食物。事实上，它需要你，这一点很让人高兴。照顾蟋蟀可以成为一个小小的奖励，给那些身体状况很差的人的日常生活赋予一点意义。他们做不了多少事，而且大部分时间都是一个人坐着。

热爱自然的天性

幸运的是，在西方，人们对昆虫的兴趣似乎也在增长。许多人已经开始关注嗡嗡飞舞的蜜蜂和胖乎乎的熊蜂。他们正在种植富含花蜜的花卉，悬挂昆虫旅馆（就是鸟箱，不过是为昆虫准备的缩小版），还在自己的花园里修建熊蜂巢箱。很多昆虫爱好者去新地点寻找并采集（或者拍摄）昆虫，这是一项很重要的工作。这就像一场寻宝行动，回报是对大自然的体验，同时增加我们对昆虫的知识。

在几个地方，尤其是气候比较温暖之处，你可以找到蝴蝶房，也就是用网封闭起来的大片区域，蝴蝶可以在里面自由飞翔，被人们观赏和拍摄。一位挪威的自然摄影师谢尔·桑韦德（在华盛顿特区的一家博物馆工作）曾因他的蝴蝶字母表而闻名于世——那是给有字母图案的蝴蝶翅膀拍摄的漂亮的特写。墨西哥的君主斑蝶（monarch butterfly）的越冬栖息地吸引着全世界的游客，而在2016 年，有 50 万人为了欣赏怀托莫溶洞洞顶上的荧光扁角菌蚊幼虫造访了新西兰。

这些现象突显出著名昆虫学家爱德华·O. 威尔逊颇为关心的一个议题：我们人类与自然和各个物种建立深刻而亲密的联结的需要。威尔逊管它叫"biophilia"——对世间生灵的热爱。他相信这是一项在我们的整个进化过程中被发展和巩固的特征，因为与自然密切接触能够提升我们的存活率。如果你注意过花朵，你会发现它们几周后就结果了。而如果你很熟悉可能伤害你或者杀死你的物种，你的存活率就会上升。许多人认为我们对蛇和蜘蛛的疑惧就起源于这种适应性。

如今，越来越多的研究证实了接触自然对人类的健康和幸福有多么重要。老年人如果住在一片绿地附近，不管其社会经济地位如何，他们都会活得更久。学生如果能在窗外看到一片绿色，学习会更好。有人格障碍的孩子在大自然中追逐嬉戏后症状会减少。有人发现，当人们搬进公共住房，被随机分在有绿地的住房和外部区域全是柏油路面的住房时，住在屋外有绿地的房子里的人较少经历家庭暴力。

我的孩子上幼儿园的时候，我参加了他们的春日溪畔之旅。十岁的孩子满腹狐疑地看着我用一个绑在长杆子上的金属筛网去捞褐色的泥，再把它倒在地上的一个白色塑料盘里。

"啐！你不是要去摸它吧？"有些孩子哼哼唧唧地说道。但接下来，奇迹发生了：泥巴沉下去，丰富多彩的生命显现了出来。我们一起盯着长了两对眼睛的豉甲——这能让它们把水上和水下都看清，还讨论着另一种甲虫屁股后面的银色泡泡是如何成为它们用来呼吸的气泡的。

突然，孩子们就开始争抢塑料盘和筛网。所有人都想找到这些奇特的虫子。布鞋不防水、光滑闪亮的指甲里会弄进泥土……这些担心都被抛在了脑后。

这些日子给我留下了美好的回忆，让我强烈地感受到我为某件有意义的事情做出过贡献。

如今，世界上半数以上的人口都生活在城市里，而这个数量只会增加。很多人缺少走进荒野，或者与野生动物近距离接触的机会。幸运的是，各地长着野花的地块和城市绿地可以成为大自然的出色样本，你一定能在里面找到昆虫。

蟑螂：人类最好的朋友？

　　新的生活方式导致了新的问题，而后又创造了利用昆虫的新机会。城市中的救援工作，比如坍塌建筑中的救援，就带来了非常特殊的挑战。下巴下面挂着小木桶的圣伯纳犬在这里可帮不上忙。在现代城市环境中，你很快就会发现自己的守护天使原来是一只蟑螂。

　　你很可能听说过这样一句话：蟑螂是唯一能在核战争中活下来的生物。这是那些标题很惊悚的老电影，像《X 放射线》（*Them!*）①、《虫》（*Bug*）②或者《蟑螂的黄昏》（*Twilight of the Cockroaches*）③酝酿出来的传说。这些电影的灵感来自那些把原子弹爆炸后残留的放射性尘埃当早餐，把任何幸存下来的女子——最好是红裙美女——当甜点的后末世时代的昆虫怪兽。当然了，这都是扯淡，不过蟑螂能够承受比我们人类更多的辐射（顺带一提，黄粉虫能够承受的还要更多）倒是真的。

　　蟑螂的恢复能力其实可以为人类所用，更不用说它们强健的体

---

① 1954 年的美国科幻恐怖电影。该片为 20 世纪 50 年代"核变异怪兽电影"风潮的早期作品之一，也是历史上第一部"巨虫电影"。影片讲述了一群因受到核辐射而变异的巨型蚂蚁侵袭洛杉矶的故事。——译者注
② 1975 年的美国科幻恐怖电影。影片讲述了一种可以用尾须摩擦来生火的变异蟑螂在一位科学家的培育下变成聪明、会飞的超级蟑螂，进而引发灾难的故事。——译者注
③ 1987 年的日本动画恐怖电影。影片讲述了一群蟑螂原本平静地生活在单身汉世通家中，但随着一位女子的搬入和人类开始灭蟑，它们的生活发生了翻天覆地的变化的故事。——译者注

格和出类拔萃的运动技巧了。打包一个充满现代科技的小小蟑螂背包：一块微芯片、一套信号收发器，还有一个连接着蟑螂触角和尾须（尾部像尾巴一样的、有触觉感知的附肢）的控制元件。这个可以远程操控的微型控制器能够在小电流脉冲的作用下刺激尾须。这会让蟑螂以为有什么东西正在从身后接近自己，然后跑开。如果你往触角上输送脉冲，蟑螂就会认为自己碰到了什么东西，机敏地躲到一旁。你可以用这种方式远程控制整整一大群背着背包的蟑螂大军穿过一栋危楼，而通过解读发回的信号，你就可以绘制出一幅事故现场的地图了。

背包上还可以添加一个捕捉四周声音的麦克风。这样的话，正在遥控蟑螂的人就可以听到那些受困者的声音了——比如在一场地震之后。通过控制蟑螂走向声音来源，他们可以确认受困者的位置，从而更快地赶来救援。

所以，如果你很不幸地被困在一座倒塌的楼房里，不要太急着把任何碰巧往你这边爬过来的蟑螂踩死：它们也许会是你的救星。但如果你是冬天在瑞士的阿尔卑斯山上迷了路，那最好还是把希望寄托在圣伯纳犬身上吧——下雪天是极少几件蟑螂搞不定的事情之一。

菜单上有塑料

每分钟，都会有满满一垃圾车的塑料被倒进全世界的海洋里。

至少还有同样多的塑料的归宿是垃圾填埋场，而这个数量还在不断增加。因为我们爱塑料：它又方便又便宜。现在，我们每年生产和使用的塑料比 50 年前多 20 倍，其中不到 10% 得到了回收，但幸运的是，人们对减少塑料用量日益关注起来。剩下的塑料垃圾最终会进入填埋场、被扔在路边的壕沟里，或者被倒进海里。艾伦·麦克阿瑟基金会提交的一份报告估计，如果这种情况继续发展的话，到 2050 年，海里的塑料就会比鱼还多。这是因为塑料在自然环境中的生物降解极其缓慢，因此很多昆虫能够消化和降解塑料的发现引起了不小的轰动。

以聚苯乙烯为例。即使你不认为自己有多经常用它，我猜你手里还是拿过一些的——如果你曾经买过塑料盒装的外带食品，或者用纸杯以外的其他东西装的热饮料的话。因为聚苯乙烯（又叫发泡塑料）是用来制造热餐热饮的一次性容器的材料。仅仅在美国，每年就有 250 亿个这样的杯子被丢掉——此处我们说的是一种过去被认为无法进行生物降解的材料——但现在不会了。原来黄粉虫会将发泡塑料杯啃得精光，好像这就是它们日常饮食的一部分似的。

有几百只来自美国和中国的黄粉虫被喂食了一些发泡塑料。这些黄粉虫全都属于拟步甲科，生活在整个欧洲的户外，如果小食品柜底的潮湿面粉残渣放得太久的话，它们有时还会出现在室内。它们飞快地啃掉这些发泡塑料，并且用这种奇怪的食物养大的幼虫也能照常化蛹和羽化为成虫。举个例子，在一个月内，500 只中国黄粉虫吃掉了喂给它们的 5.8 克发泡塑料中的 1/3。剩下的只有一些二氧化碳和一点纯净到看起来可以用来当种植土的甲虫屎。得到正常食物和得到发泡塑料食谱的幼虫，两者的存活率没有差别。

但这很难被称为超级食品，因此，另有一个实验比较了三个不同的分组：被饲喂发泡塑料食物的幼虫、被饲喂某种玉米片的幼虫和没被饲喂任何食物的幼虫。吃玉米片的幼虫的重量增加了36%，而吃发泡塑料的幼虫则丝毫都没有增重。但是它们仍然比那些可怜的挨饿鬼强，后者在两周的实验期间损失了1/4的重量。

严格地说，完成分解塑料这项工作的并不是这些甲虫本身。在这件事上，它们要依靠肠道里的一些令人愉快的租客。如果黄粉虫被施用了抗生素，杀死了这些肠道菌群，它们分解塑料的能力就会消失。塑料的分解很可能要依靠甲虫和细菌的共同努力。

要弄清楚这是否能够帮助我们解决海洋塑料问题还需要更多的研究，因为黄粉虫不喜欢脚上沾水，很难适应海洋生活。但是陆地上的塑料就够多的了，我们很希望处理掉它们，而这些甲虫也许能帮上忙。

黄粉虫并不孤独，其他昆虫也能够帮我们解决塑料问题。大蜡螟是一种被蜂农视为害虫的鳞翅目昆虫，因为它会吃蜂巢里面的蜡质巢脾。但是蜂蜡的结构与聚乙烯——超市购物袋用的那种塑料——相似，结果人们发现蜡螟能够在这种塑料上吃出洞来，并将它转化成乙二醇——一种作为汽车防冻液而为我们所知的物质。同样，这项任务不是由幼虫独力承担的，而很可能是它与在其肠道中生活的细菌共同作用的结果。

现在，研究者正在埋头钻研这些最近的发现，来探索我们如何能大量生产其中的活性物质，从长远来看，也许可以将这种生产转化成能帮助我们处理塑料垃圾的实际解决方案。

长生不老：拥有青春灵药的甲虫

有些时候，科学的发现纯属偶然，比如一位美国科学家在第一次世界大战临近尾声的时候，碰巧将一些幼虫落在了抽屉里的那次。如果你像这位小伙子一样，从人体细胞的结构、骡子不育的原因，还是石蛾对光的反应，什么都研究的话，那么你大概很容易手忙脚乱。但是这位科学家到底为什么一开始碰巧将一罐甲虫幼虫落在了自己办公室的抽屉里，却是个谜。

不管怎样，故事的重点不是他把它们落在了那儿，而是他把它们忘了。彻底忘了——整整五个月。而对一种像黑斑皮蠹（*Trogoderma glabrum*）这样，从小小的卵到成虫死去，正常生命周期只有两个月的皮蠹来说，没吃没喝的五个月本该是它们的末日。但是当这位科学家终于在抽屉里重新发现这些幼虫时，他发觉它们的健康状况非常好。更奇怪的是，它们返老还童了！是的，真的返老还童了！

如果你把思绪拨回第一章，回到昆虫知识速成课上，你也许会想起，所有昆虫在通往成虫的路上都会蜕一定次数的皮。这通常意味着一条道走到黑：从小幼虫到更大、发育程度更高的幼虫——就像我们人类只能从婴儿长成青少年，不能反过来一样。但事实上，抽屉里的幼虫就是走了回头路：它们反向发育了，从大到小——从高级的幼虫阶段回到了更简单的幼虫阶段。

这件事是革命性的。我们的这位朋友很懂得把握住机会。他继续让甲虫的幼虫挨饿，结果发现这些疯狂的小家伙可以像他写的那样，"一个颗粒都不吃地"活过五年多。它们只是变得越来越小了，因为它们在倒退着生活——从后面的龄期回到最初的龄期。更离奇的是，当这些被迫绝食的可怜虫被重新允许接触食物时，开关就拨回了正常模式，从"婴儿"到"青年"的发育又恢复了。

一项稍近一点，来自20世纪70年代的研究证实了这些旧的发现。黑斑皮蠹的幼虫能够反复向前和向后发育。当然，这个过程不是完全没有代价的，因为尽管它看起来像一只"小幼虫"，但一只反复经历前—后循环的幼虫会表现出生理上的退化，这说明它终究还是变老了。每经历新的一轮，幼虫都要花更长的时间才能再次长大。

这件事太不可思议了！而且关于这种现象从何而来，还有更多的发现：衰老过程同样可以在蜜蜂身上得到控制。负责在巢里照顾幼体的蜜蜂能够活很多周，并且脑力可以保持在巅峰状态。然而，工蜂——那些出去收集花蜜的蜜蜂——则会在几周后彻底衰老而死。其中的妙处在于，如果工蜂被迫重拾照看巢蜂的工作，它们中的有些事实上是会"变年轻"的——它们恢复了较长的寿命，脑力也很强。这是由蜜蜂身上的一种特殊的蛋白质控制的——一种专为蜜蜂准备的青春灵药。对这些昆虫的研究还能够帮助我们理解衰老的过程，这可能让我们对像痴呆的相关疾病这样的领域产生新的洞见，最终帮助我们在老年时拥有更好的健康状况。

太空之蚊

说到寿命和衰老，来一个能帮助我们进行星际旅行的把戏如何？或许在这里，昆虫也能起到作用。一种被称为嗜眠摇蚊（*Polypedilum vanderplanki*）的不会咬人的摇蚊（non-biting midge），事实上是一位志向远大、意志坚定的宇航员，它全副武装，准备进行长期睡眠。

这种摇蚊生活在非洲，它的幼虫生活在日渐干涸的小水坑里。但如果我们人类身体失水超过 20% 的话，我们就会死，大多数其他生物则最多能够承受 50% 的水分流失，而这种生物却能应付高达97% 的水分流失！在这种脱水的状态下，这种幼虫几乎能够承受住任何打击：你可以煮它们，把它们浸入液氮，用烈酒浸泡它们，让它们长年暴露在宇宙辐射之下，或者干脆不管它们。迄今为止，它们存活时间的纪录是 17 年。

到了想让它们苏醒时，你只需要往它们身上倒水，然后——请看！——就像汤料里那些冷冻干燥的肉丁一样，摇蚊的幼虫膨胀回了正常的体形。给它们一个小时，它们就会再次忙着吃起来，仿佛什么都没有发生过一样。

这么说来，这种摇蚊幼虫可以进入某种介于生死之间的状态，而不受到任何明显的伤害。它需要的只是一点点让自己做好准备的时间，因为对它来说，生存的关键似乎在于将体内的水替换为一种叫作海藻糖（trehalose）的糖类。这种糖的甜度大约只有普通糖的一半，在自然条件下以低浓度存在于昆虫血液中。顺便说一句，海藻糖是以分布在伊朗的一种象甲（或者叫象鼻虫）的茧状幼虫的分泌物来命名的，这种象甲在波斯语里被叫作 trehala，被广泛地应用在波斯的传统药材里。

当摇蚊意识到困难时期即将到来时，它的身体里就开始产生更多的海藻糖，其水平从正常的占血液成分约 1% 上升到约 20%。这种糖会以各种方式保护细胞和身体机能。

其他几类生命体也掌握了成为活死人的艺术，包括细菌、真菌（想想干酵母吧！）、蛔虫、缓步动物和跳虫。令人兴奋的是，它们用的并不都是相同的方法，比如缓步动物身上就没有海藻糖积累的迹象。

如果我们能找出控制这种在正常生活与脱水休眠之间切换的过程的根本原理，我们就能利用它来保存脱水状态下的细胞、组织，甚或是完整的生命个体。也许非洲摇蚊能帮助我们找到未来星际旅行的关键。

机器蜜蜂

在我们等着昆虫帮我们去星际旅行时，要不要让它们帮我们在花丛中游走呢？那样，它们就能一路上为我们给植物传粉了。因为机器昆虫事实上是存在的，不管怎么说，至少存在于实验室里：用装满刷子和带电凝胶装饰的小无人机来收集花粉。碳纤维刷、化妆刷上的尼龙毛（没错，真的）和马毛都接受过测试，尽管马并不以传粉技能闻名，结果却表明马毛刷的效果最好。有了这个，机器蜜蜂1.0准备好接受测试了。你可以在网上找到一段无人机在百合花之间飞行的视频，就在发明它的日本实验室中拍摄的。飞行本身相当笨拙，但还是得说，操纵无人机并不在大学课表里——暂时还不在。

这类无人机最显著的应用领域是温室中需要传粉的农作物。这可能会让我们减少对外来熊蜂种类的使用，它们有着逃出温室、逸散到大自然里面的习性。目前，这些机器蜜蜂并不十分好用，因为它们必须手动操控，还要一直充电，但未来，也许它们能够用GPS导航，或者由人工智能控制，并且拥有寿命更长的电池。

但我们还是希望自己不要陷入一个相信现代技术能够取代自然无穷无尽的先进功能的世界里吧！在大自然中，有超过20 000个不同的物种在为野生开花植物和作物的传粉做着贡献，而研究显示，在有各种各样有着不同特殊适应性的物种参与时，传粉是最有效率的。我们知道昆虫与开花植物间的相互作用已经不断优化、调整了超过一亿年，而天然传粉远比我们能想出来的任何模拟系统都更复杂、更精巧。保留自然免费送给我们的解决办法只会更简单，也更省钱。

　　说到从老面孔的昆虫身上得到的新启发时，我们永远不知道哪个物种会成为下一个有用之材：黄粉虫、果蝇，还是蟑螂？蚂蚁还是蚊类？我们人类会很轻率地根据有帮助还是有妨碍来给其他物种分门别类，并且通常热衷于除掉那些落入妨碍组的物种，但是大自然的组织架构如此精巧，只要更好地了解它，我们总能从中发现新的聪明的解决办法。这就是为什么保护大自然和生活在其中的所有物种——不论我们认为它们有用与否——如此重要。

昆虫与我们

接下来会怎样？

昆虫那精彩绝伦的生活正在发生改变。过去一百年间，地球上的生态系统改变得比人类历史上的任何时代都快。这个星球上一多半的陆地面积已经在农业、畜牧业和建筑业的作用下变了模样，而且这个步伐还在加快。这意味着栖息地正在减少，而剩下的那些正在被分割成相互隔离的小碎片。水坝和人工灌溉正在让这个星球上的淡水资源处于不断增加的压力之下。我们生产并丢弃了如此之多的塑料，以至于未来数代的人都将在沉积物中以微塑料的形式找到它们的残留。每年，我们都会生产大量的化学品，包括我们用来保护庄稼，却反过来杀死昆虫的杀虫剂。我们会造成物种的迁移，不论是有意的还是无意的。人造肥的使用让土壤中的氮含量和磷含量翻了一倍，而二氧化碳的排放量也比过去几千万年更高，导致了气候的变化。

所有这些都在影响着昆虫——而任何影响昆虫的事物也在影响着我们。事实上，随着时间的推移，昆虫的数量下降和物种灭绝将形成涟漪效应，扩散到整个生态系统，造成严重的后果，因为它会对众多基本的生态功能产生影响。幸运的是，我们永远无法做到清除所有虫子，但是我们可以在关爱这些六足有翅的小朋友上做得更好，因为尽管有着 4.79 亿年历史记录，现在它们却开始挣扎求生了。

对于现存的所有昆虫物种，我们只了解一小部分，而对于那些了解的昆虫，我们也没有多少扎实可靠的监测数据。即便如此，还是有一份估测数据表明，所有昆虫中可能有四分之一正在面临灭绝的危险。

在此有一个重要的点：等一个物种到了灭绝的边缘再去担心可就太晚了。物种在生态系统中的功能早在最后一个个体死去之前很久就已经丧失了。这就是为什么关键在于不仅要聚焦在物种灭绝上，还要关注个体数量的下降，而且已经有很多迹象表明昆虫正在变少。在德国超过 60 个地点诱捕到的所有昆虫的累积生物量在短短 27 年间就骤降了 76%。全球数据表明，过去 40 年，在我们人类人口翻倍的同时，昆虫的数量也下降了差不多一半——这些数据令人触目惊心。

那么，为什么昆虫的数量在下降呢？这很难说，因为几乎肯定有很多彼此关联的原因。重要的因素有逐渐增加的土地使用、集约化的农林业生产措施、杀虫剂的使用、现存自然栖息地的减少，以及气候变化。

当我们不断增长的对土地和资源使用的需求造成昆虫数量的急剧下降、物种消失和昆虫群落改变时，会发生什么呢？把这个世界想象成一张用纺织品做成的吊床吧：地球上的所有物种和它们的生活都构成纺织品的一部分，而它们全部加起来织成了我们人类安歇的这张吊床。昆虫的数量太多，它们占了吊床构造中的很大一部分。如果我们削减昆虫的数量，清除昆虫的物种，那就好比在从这张吊床里抽线。如果只有零星的几个小窟窿和线头，那可能还好，但如果我们抽出太多的线，那么整张吊床终将四分五裂——我们的繁荣和幸福也是如此。

昆虫群落中过于剧烈的变化会造成没人能够预测后果的多米诺效应。事实上，我们不知道它们的重要性有多大——只知道事情可能会变得很不一样。我们将冒险活在一个人类面临着更艰难的生存考验的世界上，因为为所有人保证清洁的用水、充足的食物和良好的健康状况会比今天更难。

总而言之，让我们来看看几项挑战，举出一些威胁昆虫生存的因素，这些因素既有地区性的，也有全球性的。

第一，土地的使用。这无疑是最大的威胁。我们正在越来越大范围地使用土地，这意味着热带地区的栖息地和未经破坏的雨林在减少。回到咱们这里，农业用地和密集建筑区里的开花草地在减少，天然森林的面积也在下降，因此为昆虫多样性提供住宅区的老死树也没戏可唱了。这也意味着更多的人工灯光，它对很多昆虫都有影响。

第二，气候变化。更温暖，更潮湿，更极端——这是大趋势。这些变化对昆虫的生活来说意味着什么呢？

第三，与使用杀虫剂和新型基因操纵技术有关的挑战。这是一个庞大的领域，留给我们的问题比答案更多。

第四，也是最后一点，对非本地物种的引进及它们对虫类的影响。在这个领域里，什么才是处理"过去的罪恶"的正确方法呢？有没有可能逆转这些影响？这是否又是真正的当务之急呢？因为在我们清除物种的同时，我们所造成的改变又会为地球上的新物种创造空间，它们将在进化的推动下走到台前。大自然有多大的耐受力？而我们在为自己的物种考虑和为几百万其他物种考虑时，又该如何权衡呢？

你不会愿意亲吻的青蛙

南美洲的雨林里生活着一种有毒的蛙类，它拥有一个名副其实的拉丁文名字：*Phyllobates terribilis*。在英语里，它的名字叫 golden poison frog（金色箭毒蛙）。这不是那种你想要亲一口，希望它会变成英俊王子的青蛙。如果你试一下，几分钟之后就会死翘翘——我敢打包票。这里说的毒是人类已知最强的神经毒素之一——箭毒蛙毒素。平均每只蛙大约含有一毫克的这种毒素——差不多和一粒盐一样重。光是这点量就足以杀死十个成年人了。而且你要知道：没有解药。

这种不比一颗李子大多少的小蛙曾经在哥伦比亚各地的雨林中

相当常见。当地人会小心翼翼地把他们的箭在蛙的背上抹过，以确保自己的箭镞拥有足够强的毒性，能够杀死碰到的任何东西。

制药行业听闻了雨林中的这种可怕的黄色毒物。早期的测试表明，这种毒素是一种极其有效的镇痛剂——在合适的剂量下。此外，因为它能影响钠的跨细胞膜运输，所以还对我们理解很多这一过程在其中起重要作用的疾病，比如多发性硬化（MS）意义重大。有几个标本被从丛林中带回，用于近距离检验，不过猜猜被抓住的蛙到达实验室时发生了什么？它们没毒了！

事实上，大自然往往比我们想象的要狡猾得多：金色箭毒蛙本身并没有毒，它只有生活在自己的天然栖息地时才会产生毒素。为什么？在很多费尽心机的侦察工作之后，我们现在知道了，这种毒素来自一种甲虫美餐——啊，对呀（这毕竟是一本讲昆虫的书嘛）！确切地说，是一种来自拟花萤科（Melyridae）的甲虫。所以，这种蛙只有在天然栖息地中吃到正确的甲虫种类时，才会产生毒素。

由于对雨林的砍伐，金色箭毒蛙现在已经被列为濒危物种了。一场拯救这个物种的孤注一掷的斗争正在进行，但是几乎没有什么亮点。不仅仅是箭毒蛙的栖息地正在消失，还有蛙腿的贸易导致了一种真菌病（通用的俗称是 Bd）的扩散，正在杀死全球的蛙、蟾蜍和蝾螈。它们中的三分之一正处在永远消失的临界点上。很快，地球上就不会再有任何金色箭毒蛙，人类也不会再有机会深入研究它们所产生的活性成分了。

多样的景观会增加昆虫的数量

如果想保住我们寻找药物活性成分的机会，我们就需要看护好这些物种的栖息地。保护天然区域使之不受破坏，是保存栖息地的一个重要手段，在雨林和欧洲都是如此。在生活在哪里的问题上，很多特定物种的需求非常独特，它们无法在完全变了样的现代景观中生存。这意味着如果我们要保全独特物种，自然保护区等保护性区域是不可或缺的。但是在大面积保护性区域以外的地方，尽量保持自然景观中的多样性也是很重要的。在森林中，这可能意味着要保证有足够多的老树和死树。因为死树在活的森林中扮演着一个核心角色，为很大一部分的森林物种提供了容身之所，包括昆虫——它们作为分解者、传粉者、种子传播者、其他动物的食物，以及有害生物的防控者而让自己有了用武之地。尽管很多欧洲国家近来已经提出了增加死树的倡议，它们的数量相比自然状况仍然较低。

在农场和城市中，我们也可以采取一些简单的措施来达到很多目的，这些措施同时还可以起到为人类美化环境的作用：沿着住宅区旁边的小溪种上一条绿化带；沿路修剪绿地边缘和绿篱，并在田地边缘围上一圈野花草地；在田地中央留一块长有中空老橡树的未耕种土地。一片多样化的景观会为复杂的昆虫生活提供更多机会。同样，这对野生开花植物和我们作物的传粉都有好处，因为蜜蜂、野生蜜蜂和熊蜂都不是优质高效的传粉所需的唯一昆虫，这是由很多玩家共同参与的高水平团队合作。情况常常是，以平均访花数来算，蝇类、甲虫、蚂蚁、胡蜂和蝴蝶的传粉效率不如蜜蜂和熊蜂，但这常常被它们总体访花数更多的事实所抵消，因为它们的数量实在是太多了。这些"非蜜蜂"中的某些物种可能也拥有利于高效传粉的特殊习性和适应性。

如果把五大洲关于油菜、西瓜、杧果、草莓、苹果等作物的产量的几十个研究项目的数据整合起来，我们发现无论有多少蜜蜂来访，植物都会在得到"非蜜蜂"的访问后有更好的产出（结实率会提高）。看起来，这些昆虫能贡献一些独特的东西，一些蜜蜂无法带来的东西。不同的昆虫在面对景观变化时的易感性也不同，这对我们的食品生产有好处。总的来说，所有这些昆虫如一份传粉保险般运行着：如果一个物种无法完成任务，另一个物种就可以介入。

我们知道完整的物种多样性可以使生态系统在获取资源——比如水和营养物质方面更加高效，而这又会催生更多的生物量。一旦我们明白生物量才是作物产量的基础，并决定了最终端上我们餐桌的食物种类，这一知识就变得至关重要。我们还知道，物种多样性也是将生物量再次分解，从而保证营养被释放，让新的生产得以进行的核心力量。

此外，在完整的生物多样性比被破坏的多样性更能够使生态系统在长期内保持稳定这一观念上，我们正在获得越来越多的支持。其中有很多机制的参与，包括不同的物种有不同的优势这一事实。一个物种在凉爽的夏天生长得最好，而另一个物种则钟爱夏日灼热的骄阳。当物种减少或者灭绝时，大自然可以用来腾挪的变量就变少了，而我们在对抗自然环境的波动和人为造成的比如气候方面的改变时，底牌也就更差了。

昆虫发挥的作用很难标价，但这并没有让人们停止尝试。举个例子，众多传粉昆虫的年度全球贡献被估值为约 5 770 亿美元——接近 2015 年英国当年收入的三分之二。据估计，生物分解和土壤形成的总价值是传粉的 4 倍。尽管这些数字会根据计算方法而变化，而且相当粗略，但它们仍然显示出昆虫做出的贡献价值极高，堪比真金白银，从经济方面考虑，也应该爱护好它们。

麻烦的灯光

我们人类正在扩张到地球上越来越广阔的区域当中。这一事实还有一些我们日常不会想到的后果，比如光污染——路灯、房屋、度假别墅和工业厂房产生的人造室外光的总和。光污染正在以每年 6% 的速度增长，并且正在干扰我们的生态系统，包括昆虫。

我们都知道蛾子会被灯光吸引，但其确切原因还存在争议。根据主流理论，蛾子认为灯光是月亮，它们试图通过保持与月亮之间的固定夹角来给自己定向。尽管这一招就远在天边的月亮来说真的很好用，但现在的结果却是，它们会朝着人造光呈螺旋状飞行，通常最后会被灯烤煳。

街道照明会改变一个地方的虫类物种构成，人造光被光亮的表面反射时也能迷惑在水里产卵的陆生昆虫。一盏路灯下停着一辆汽车时，蜻蜓就会将那道光当作水体表面反射的光，将毕生孕育的卵抛在这个错误的地方。

长此以往，昆虫身上会发生什么呢？譬如说，光污染会造成城市昆虫改变习性，躲避光亮吗？为了验证这一点，一些瑞士科学家比较了卫矛巢蛾（*Yponomeuta cagnagella*）的 1 000 只幼虫，其中一半来自城市，一半来自乡下。它们的幼期全都是在实验室中相近的光条件下度过的。随着夜幕降临，刚刚羽化的蛾子被放了出来，进入一个大网笼，一个光源就放在另一侧。接下来的事情只不过是等一通宵而已。

城里蛾和乡下蛾受光的吸引程度相当吗？

答案很清楚：城里蛾显然更少被吸引到灯上，平均少了 30% 之多。这表明一代又一代的生活在人工照明环境下的夜行性蛾子经历了一场对人为灯光的进化性适应。毕竟，它们大群大群地围着路灯转圈圈、被烧焦，或者被那些已经弄明白哪里供应自助餐的捕食者吃掉，并无多少意义。这能够解释为何城市蛾中会出现对抗光吸引的选择压力。

一方面，这是件好事，因为这防止了它们就这样死去。另一方面，它能产生影响深远的反向结果，因为这有一个附加的代价：避开光亮很可能意味着城市蛾类只是将更多的时间花在了待着不动上。

因此，人造光在建筑密集区造成的影响改变了昆虫在生态系统中的角色。举个例子，夜行性的食虫动物很难抓住一只隐蔽不动的昆虫，一只懒得飞行的昆虫也不会在适应了夜间传粉的花朵之间完成多少传粉工作。这就是为什么限制光污染很重要，尤其是要努力将人造光保持在尚未受其影响的天然地区之外。

更温暖，更潮湿，更极端——甲虫又会怎样呢？

我们知道自己正在通往一个有着不同气候的未来。这也会影响昆虫，无论是直接地还是间接地。

其中一项挑战是，气候变化会扰乱不同物种间高度一致的步调。我们会看到许多过程的物候期发生改变，比如候鸟的回归、叶子的生发或者春季的开花。挑战在于不同的事件不一定会同步变化。相比昆虫最多的时段，如果食虫的鸟类早太多或者晚太多产下幼雏，那么留给巢中雏鸟的食物就可能太少了。举个例子，如果有些事件是由白昼长度（这不受全球变暖的影响）来触发的，而另一些是由平均温度来触发的，那么不同步的事就会发生。同样，如果依靠特定昆虫来传粉的植物在一个这些昆虫不再大量出现的时间点上开花的话，那么它们也可能产出很少的种子。

春季的挑战特别大，尤其是在来得太早的"假春天"。当这种现象出现时，越冬的昆虫成虫会被温暖的天气引诱出来，开始觅食。当重新开始结霜时，这些昆虫就将挣扎着对抗寒冷和寻找足

够的食物，因为它们的抗寒性很差，而且在春天，食物储备也寥寥
无几。

我们看到，很多昆虫会为了应对气候变化而尝试做出改变。有
时，它们的整个分布格局都会发生变化，但我们常常看到的是，这
些物种跟不上气候变化的脚步，分布范围也缩小了。例如蜻蜓和
蝴蝶，人们已经证实，它们很多种类的分布范围开始缩小并且北
移了。不同蜻蜓种类的比色图表显示，很多蝴蝶和蜻蜓，尤其是那
些颜色较深的，已经从欧洲南部消失，躲进了气候较为凉爽的东
北方。熊蜂身上的现象则表明，由于气候变化，到 2100 年，我们
面临的风险将是失去欧洲 69 个品系当中的 10% 到最坏情况下的
50%。

在北方，气候变化正在使食叶毛虫的分布范围不断扩张。这同
样加剧了对桦树林的影响，它们正在被啃食干净。在过去十年间，
秋尺蛾及其近缘种类的暴发对挪威北部芬马克的桦树林造成了相当
大的破坏。这些暴发事件对整个生态系统产生了涟漪效应：食物条
件、植被和动物的生活都改变了。

在挪威生命科学大学，我和特罗姆瑟的研究者一起目睹了秋尺
蛾所造成的破坏是如何影响另一类昆虫——分解死桦树，从而保证
营养物质能被回收的甲虫——的生活的。我们调查的结果显示，秋
尺蛾的侵袭在如此短的时间间隔内造成了大量的桦树死亡，使得木
栖甲虫根本跟不上其步伐。它们无法用与之相当的个体数量上的增

长来回应可用食物的增加。我们不知道这会造成什么长期影响，而这也就阐明了一个关键点：我们不知道持续的温度上升会对北方的生态系统造成何种后果，但显然，那里将会发生翻天覆地的变化。

由于我的研究领域之一是生活在古老的、中空的大橡树中的昆虫，我一直在想，气候变化会如何影响栖息其中的甲虫。几年前，我的研究团队和一些瑞典科学家对比了一组涵盖整个瑞典南部和挪威南部，与橡树相关的甲虫群落的大数据。橡树生长在气候不同的地方，因此它们在温度和降雨上的适应范围大致相当于可以预见的气候现象中的变化。利用这一点，我们观察了甲虫群落的区别，以此来了解更温暖、更潮湿、更极端的气候在未来会如何影响这些不同的昆虫群落。

在研究中我们发现，更温暖的气候对最独特的物种有好处。然而不幸的是，这些独特的物种也会对降水的增加反应不佳。这意味着气候变化很难改善这些特殊昆虫的生存条件。然而，在我们的研究中，较为常见的物种则几乎没对气候变化做出什么反应。

这印证了我们这个时代的一个常见规律，不只是关于气候变化，更可以说是相当普适的：当地特有的、具有特殊适应性的物种会遭殃，而常见物种则生存得很好。这意味着很多稀有而独特的物种会走向衰亡，而相对较少的、已经很常见的物种将变得更加常见。这叫作生态同质化：同样的物种遍地可见，不同地理区域内的自然环境变得更为相似。

杀虫剂和基因操纵：我们敢吗？我们应该吗？

　　每年，我们都会特意使用大量化学品，目的就是杀死昆虫。毕竟，这是在农业生产上、私人住房和公园里使用杀虫剂的全部意义。

　　很多人认为，杀虫剂在农业上的大量使用是我们为了能通过工业化的农业生产来喂饱日益增加的人口而必须付出的代价。其他人则反对说，我们应该在农业实践中采取对生态更加友好的方法，与大自然合作，即使这可能会导致作物产量的下降。

　　虽然我们在这里无法深入展开这场讨论，但我必须提一下有数量庞大且不断增加的文献记录详细描述了新烟碱类——一类被广泛使用的杀虫剂——所造成的令人始料未及的有害后果。这些物质会影响蜜蜂和野生蜜蜂的定向功能和免疫防御，这可能是这些类群数量下降的原因之一。

　　在与对我们有害的昆虫的斗争中，我们人类最近获得了一种全新的工具。我指的是基因操纵，特指名称有点像暗号的CRISPR/Cas9 技术。这就像一把分子剪刀，能够将基因剪断，通过移除或者替换特定的基因，来改变一个生命体的 DNA。这个方法可以与某种叫作基因驱动的东西结合，确保基因的变化能够迅速扩散到几乎所有后代当中。

　　疟疾是由一种小型寄生虫引起的，蚊子在吸血的时候会将它从一个被感染的人身上传到另一个人身上。每年都会有约 50 万人死于疟疾，其中大多数不满 5 岁。即便如此，这个数字还是比 15 年前低得多，它的下降在很大程度上要归因于一些简单的措施，比如使用浸过杀虫剂的蚊帐。但现在，我们又有了一种工具，可以一劳永逸地消灭疟蚊。方法就是让其中一种性别不育，或者确保所有后代都是同一个性别。

这促使挪威生物技术咨询委员会适时地在几个论坛上提出了一个问题：我们敢——或者说我们应该——在自然界中使用这样的工具吗？我们对它的影响力知之甚少。其中一个问题是我们不知道这会在生态系统中产生什么样的级联效应。如果我们消灭了一个物种，结果另一个物种直接乘虚而入，接替疾病传播者的位置该怎么办呢？正如我们所知，事情的结局可能比一开始更糟糕。

另一个问题是，使用这样的工具是否会导致我们不希望看到的变异，带来做梦都想不到的结果。诸如不育现象向其他生命体的传播这样恐怖的景象，就在那里等着我们。尽管我们需要加快脚步，却又不得不步步为营：在开始使用新的基因技术工具来从遗传上改变或者消灭传播严重疾病的昆虫之前，我们必须尽力保护自己，避免产生意想不到的后果。

戴氏熊蜂的结局

我们人类已经改变了这个星球上的很多事物。有些事情却是我们无法改变的——比如几万年前，我们的先祖就已经在一块又一块的大陆上灭绝了大多数的特大型动物。逝去的有猛犸象、剑齿虎和大地懒。而与它们一道，有很多以各种各样的方式与这些巨型动物产生联系的昆虫，也肯定灭绝了，尽管我们对它们的了解还要更少。

其他变化发生的时间离现在更近。航海探险家将猫、老鼠等高效的捕食性哺乳动物带到了一些生命自有其运行方式的岛屿上。没有智慧来照顾好自己的当地物种，在没有这样的敌人的环境下发展起来的物种，接下来往往就立刻被送上了绝路。

我们不断地以飞快的步伐迁移物种，有时出于无意，有时则特意为之。就像将欧洲熊蜂（buff-tailed bumblebee）引入南美洲这件事，初衷是改善果园和温室的传粉。欧洲熊蜂扩散得很快，将本土的戴氏熊蜂（*Bombus dahlbomii*）排挤出局，很显然，这是因为欧洲熊蜂携带着戴氏熊蜂无法适应的寄生虫。戴氏熊蜂是世界上最大的熊蜂，被熊蜂专家戴夫·古尔森亲切地称为"一只毛茸茸的姜黄色小怪兽"。不久，它可能就会永远地消失了。

那么，我们要对威胁独特的本土物种的外来物种做些什么呢？这些问题很大、很难，也很重要，我们需要在社会上更多地展开讨论。在某些情况下，我们是被迫做出决定的，比如新西兰遇到的情况。那里的政府开展了一个清除老鼠、负鼠和白鼬的计划。这些外来物种每年会杀死大约 2 500 万只鸟。

很多其他岛国也遭遇着同样的问题。澳大利亚有一则故事可以形象地说明这项挑战：关于一种一度灭绝却又重新被发现的竹节虫，和将它们吃光了的，虽然现在还活着，却行将死去的黑老鼠。

为老鼠指路

1918 年 6 月 15 日，塞满了瓜果蔬菜的蒸汽轮船马坎博号在太平洋远洋上的一座热带岛屿——豪勋爵岛的岸边不远处搁浅了。作为澳大利亚东边的一座前哨站，它那寥寥无几的居民与大陆相隔 600 多公里。这起船难的重点在于那些成功抵达陆地的老鼠。在修船所花费的 9 天里，一群数量不明的黑老鼠成功到达了海岸，在岛上建起了据点。

千百万年来，豪勋爵岛孤悬在大海中央。那里发展出了独特的物种，地球其他地方都不存在的物种，但老鼠可不是来海滩上乘凉的。还记得好饿的毛毛虫的故事吗？（见第 6 页）周一咬穿一个苹果，周二咬穿两个梨，一周过去，把橙子、香肠、冰激凌和巧克力蛋糕都钻了一遍的那种毛毛虫？这基本上就是老鼠在豪勋爵岛上做的事情，唯一的区别在于它们吃掉的是独有的物种，且一种接一种地吃。光是在头几年，它们就至少吃光了世界上其他任何地方都找不到的 5 种鸟和 13 种小型动物。

这些小型动物中，有一种是巨型竹节虫。你知道的，就是那些看起来像枯树枝一样的细长的浅褐色昆虫。但这个物种可不是随便一种我们司空见惯的竹节虫。我们说的是一种十分特殊的昆虫，是世界上最重的竹节虫：它有大个的烤肠那么大，颜色很深，有光泽，没有翅膀，还有一个恰如其分的外号叫"树龙虾"。如果你想知道的话，它的拉丁文名字是 *Dryococelus australis*。这种昆虫成了饥饿老鼠的一种高档美食。早在 1920 年，这个物种就已经被宣告灭绝了——作为两年前船难的迟来的受害者。

但这个故事出人意料地发生了转折，因为前哨还有一个前哨：豪勋爵岛 20 公里外坐落着柏尔金字塔岛（Ball's Pyramid）——一个陡峭而狭长的海蚀柱，几乎有伦敦碎片大厦（The Shard）的两倍高。多年来，它吸引着喜爱冒险的攀登者，但自从在 1982 年被选为世界遗产（与豪勋爵岛一起）之后，就只有科学考察队才被允许上岛了。大约在这个时间，不断有传言在流传：这座海蚀柱上有树龙虾。忽然之间，出于对虫子们过度浓厚的兴趣，开始源源不断地有人为了寻找这种稀有的竹节虫而申请攀登许可。最后，负责审查的人实在是厌倦了评估这些伪装成昆虫研究的攀登申请，决定一次性地终结这些流言。

于是在 2001 年，两位科学家及其两位助手来到了这座海蚀柱。他们爬上了陡峭的岩壁，却一只树龙虾也没有看到，但是在下来的路上，他们发现了一小丛被这种昆虫吃过的灌木挤在岩壁上的一条缝隙里。下面落着很多大块的粪便，看起来很新鲜。他们努力地寻找，却连一只竹节虫也没看到，于是就只剩下一件事可做了：晚上再重复一遍攀岩考察的过程——因为据人们所知，世界上最大的竹节虫是夜行性的。戴好了头灯，拿着照相机，攀登者经历了一段亦真亦幻的历程。令人难以置信的是，就在几乎是整座海蚀柱上唯一的一丛灌木中间，趴着 24 只巨大的黑色竹节虫，正盯着他们。

没人能说明白，这些昆虫是如何在 1920 年灭绝前的一段时间从豪勋爵岛来到这座海蚀柱的。如果你不会飞也不会游泳，那么一段跨越 20 公里开放海域的旅程可是一项相当大的挑战。最有可能的解释是它的卵或者一只怀孕的雌虫在鸟身上或者漂浮植被上搭了一程顺风车，然后在这座几乎完全寸草不生的，不适合居住的海蚀柱上成功地生存了至少 80 年。

对接踵而至的官僚主义，我们不提也罢。经过两年烦冗的文件工作，人们终于获得了许可，可以从海蚀柱上捕捉两只雄性和两只雌性，开启繁育计划。其中两只（当然喽，被命名为亚当和夏娃）勉勉强强地活了下来，现在健康的竹节虫饲养群出现在好几家动物园里，欧洲也有。但后来，把剩下的竹节虫送回到这个物种真正的归属地豪勋爵岛时，问题就浮现出来了，因为只有一丛在落石下幸存的灌木的海蚀柱显然不适合成为生活在野外、可以自行繁衍生息的竹节虫种群的永久家园。但是在豪勋爵岛上，黑老鼠依然一手遮天。除非它们被清除干净，否则重新引进这种竹节虫就没有意义。而且竹节虫并不是唯一乐意看到这些老鼠被杀光的生物：有 13 种鸟类和 2 种爬行动物面临着灭绝，除非老鼠被清除掉。因此有关部门现在计划一劳永逸地让这些老鼠消失。这需要采取极端措施：将有 42 吨毒麦片被从直升机上播撒到全岛。

当然，事情也并不完全是这么简单直接的。首先，除老鼠以外的动物也可能因食用这些粮食而死——包括人们正在试图拯救的鸟类，所以，人们的想法是诱捕最易受害的鸟类物种，将它们养在一种临时性的挪亚方舟中，然后在"毒雨"过后再将它们释放。但是，举个例子，这对鸟类的遗传多样性会产生什么后果呢——因为捉住所有个体是不可能的，对吧？

其次，有些人很担心。岛上只有约 350 个人类居民，但并不是所有人都愿意接受一场有毒的早餐麦片雨，即使有关部门已经向他们保证，毒药不会被撒在房屋附近。有些人可能还会觉得黑色的大竹节虫很讨厌，和黑老鼠一样，不值得保护，因为保护生物学既和我们试图保护的物种有关，也和我们人类的想法、感情有关。

新的时代，新的物种

在很多方面，自然都非常顽强，永远都在调整、适应。我们人类在哪里创造了新的机遇，新的物种就会从哪里涌现出来。就像在伦敦的地底深处，崎岖而潮湿的地铁隧道就是一种极不常见的蚊子的家园。它属于尖音库蚊（*Culex pipiens*）这个物种，是城市地区最常见的吸血蚊类，却发展成了一种特殊的遗传型（叫作 *molestus*——

"制造麻烦的家伙"），再也不能与活在日光之下的蚊子近亲产生后代了。事情的始末想必一定是，在很多年前的某个时间点，也许是在伦敦兴建地铁的 1863 年，有几只雌蚊子摸进了深渊里。而从那时开始，伦敦地下蚊就在那里过上了自己的日子，历经了数百代。

这些蚊子开始臭名远扬是在第二次世界大战期间，当时它对在伦敦大轰炸期间到地铁系统躲避的人们来说，是一个很大的滋扰源。如今的标准比当时提升了很多，而尽管獐鹿、狐狸、蝙蝠、啄木鸟、雀鹰、乌龟和大凤头蝶螈都曾在隧道中被目击过，各种老鼠仍然是与寥寥无几的伦敦地下蚊做伴的主要物种。

基因分析显示，在不同的线路与车站之间，这种蚊子的 DNA 是有差异的：皮卡迪利线的蚊子就与中央线的不同——尽管还没有不同到让各种地下蚊不能互相交配。因此，主流理论认为，它们全都是 150 年前同一批勇敢的先祖的后代。

如果蚊子真的在仅仅 150 年内就发展出了一种新的遗传型，那么它就是一个进化偶尔可以快速进行的例子——当两个种群生活在完全隔离的条件下时。查尔斯·达尔文的设想是新物种即使不需要几十万年，也得数万年才能形成。想来有点奇妙，当他坐在自己位于伦敦郊区的房子里思索这件事时——他刚刚在 1859 年出版了《物种起源》——一场光速般的进化过程也许正在他的脚下开始。

未来，我们很可能会看到更多像这样迅速形成新物种的事例，这是我们有意无意地迁移物种的结果。北美洲的苹果绕实蝇（*Rhagoletis pomonella*）曾经心满意足地生活在山楂树上，直到欧洲的苹果来到了美国。现在，这种蝇类有两种不同的遗传型——一种只吃山楂，另一种只吃苹果。在区区数百年间，一个物种就在变成两个物种的道路上走了很远。连这种蝇类身上的寄生虫也处在分裂成两个物种的进程当中，一种寄生在吃山楂的幼虫身上，一种寄生在吃苹果的幼虫身上。

当新的昆虫出现，而其他的昆虫灭绝时，其影响将取决于哪个物种发生了改变。因为，正如我在本书中所说明的，不同的昆虫在自然中担负着不同的任务。此外，每一种昆虫都通过彼此巧妙的适应性互动而与其他物种发生着联系，这就是大自然提供给我们的所有好处和服务的基础。

我们人类长久以来都把昆虫的免费服务视为理所当然。由于大量的土地使用、气候变化、杀虫剂和物种入侵，现在我们面临着风险，环境条件改变得太快导致昆虫难以像迄今为止所做的那样继续应变下去，尽管大自然的适应力很强。仅仅从利己主义来考虑，我们也应该为这些小生命的健康和福祉想一想。照顾好它们，就是为我们的子孙后代上的一份人寿保险。

哪怕能停止自我陶醉一秒，我们也会看到这不仅与区区应用价值有关。据我们所知，我们的星球是宇宙中唯一有生命的星球。很多人会说，我们人类有一种道德上的义务来控制自己统治地球的欲望，让我们数以百万计的生命伙伴也拥有一个安度自己小小的精彩一生的机会。

后　记

　　在时间的迷雾中回溯到很久之前的某个节点，我们与昆虫拥有一个共同的祖先。虽然昆虫出现得比我们早得多——它们领先了几亿年——但我们还是有很长一段携手共度的时光，无论关系是好是坏。并且毫无疑问的是，我们需要它们。正如哈佛大学的教授 E.O. 威尔逊所写的那样："事实是，我们需要无脊椎动物，它们却不需要我们。如果人类明天就将消失，这个世界会照常运转，几乎没有什么改变。……但如果无脊椎动物消失，我怀疑人类是否能够活过几个月。"

　　这意味着我们只要对昆虫多一点关心，就可以得到一切。我相信知识、积极的对话和热情。对虫子好奇一点吧，慢慢去观察和了解。把昆虫做的所有怪异和有用的事情教给孩子。为虫子说点好话。让你的花园成为一个更适合访花昆虫的地方。让我们把昆虫加在土地使用计划、官方报道，还有农业管理和地方政府预算的议程里。为五彩缤纷的蝴蝶感到快乐吧，为这些小生灵间有趣的互动而赞叹不已吧，为昆虫挺身而出替我们完成的工作表示感谢吧！

　　昆虫奇特、复杂、有趣、怪异、好玩、迷人、独特，并且永远都让我们惊叹。加拿大的一位昆虫学家曾经说过："这个世界充满了小小的奇迹——却缺少发现它们的眼睛。"我希望这本书可以为更多人打开视野，让他们去看一看古怪而精彩的昆虫世界——还有它们在我们共同生活的这个星球上与我们一起度过的了不起的小小虫生。

Thanks

致 谢

关于昆虫和它们的相关话题，这些年来我经历过无数次精彩的讨论。感谢我在挪威生命科学大学的那位很棒的同事托恩·贝克莫（Tone Birkemoe），感谢她毫不动摇的热情、富有建设性的对话，还有对本书行文的建议。而对挪威生命科学大学昆虫研究组的其他成员，我要欢呼三声，因为他们全都为昆虫的热烈讨论做出了贡献，让工作环境充满了乐趣。感谢我在挪威自然研究所（我仍然享受在那里做兼职工作的乐趣）的前同事们——还有所长埃里克·弗拉姆斯塔德，作为那里所有人的代表——感谢所有那些从天上到地下无所不谈、激发灵感的对话。

感谢我的家人，无论关系远近。我的父母教会了我对户外大自然中的一切生命感到好奇。我相信，对我过去几年与他人交流过的每一个观点，我的母亲都读过、听过、看过，并且说过一些好话。感谢我亲爱的谢蒂尔所给予的耐心，还有他在我深夜写作时端来热茶和涂了黄油的薄脆饼干。感谢我们的孩子西蒙、图瓦和卡琳，感谢我们一起度过的所有快乐时光，还要特别感谢图瓦目光如炬地扫过一遍本书的文字，并为它创作插画。

最后，写作这本书给了我难以想象的乐趣。我为自己学习到的一切感到如此快乐，而我的出版商们也一直在鼓励我。感谢他们，也感谢挪威非虚构文学基金之非虚构作家和译者协会给予我的支持。

参考文献

Introduction

Andersen, T., Baranov, V., Hagenlund, L.K. et al. 'Blind Flight? A New Troglobiotic Orthoclad (Diptera, Chironomidae) from the Lukina Jama – Trojama Cave in Croatia', PLOS ONE 11 (2016), e0152884.

Artsdatabanken. 'Hvor mange arter finnes i Norge?' sourced in 2017 from https://www.artsdatabanken.no/Pages/205713.

Baust, J. G. & Lee, R. E. 'Multiple Stress Tolerance in an Antarctic Terrestrial Arthropod: *Belgica antarctica*', *Cryobiology* 24 (1987), pp. 140–7.

Berenbaum, M. B. *Bugs in the System*, Addison-Wesley, Reading, Massachusetts, 1995.

Bishopp, F. C. 'Domestic Mosquitoes', US Department of Agriculture, Leaflet No. 186 (1939).

Fang, J. 'Ecology: A World Without Mosquitoes', *Nature* 466 (2010), pp. 432–4.

Guinness World Records. 'Largest Species of beetle', from http://www.guinnessworldrecords.com/world-records/largest-species-of-beetle/ (2017).

Huber, J. T. & Noyes, J. 'A New Genus and Species of Fairyfly, *Tinkerbella nana* (Hymenoptera, Mymaridae), with

Comments on its Sister Genus *Kikiki*, and Discussion on Small Size Limits in Arthropods', *Journal of Hymenoptera Research* 32 (2013), pp. 17–44.

Kadavy, D. R., Myatt, J., Plantz, B. A. et al. 'Microbiology of the Oil Fly, *Helaeomyia petrolei*', *Applied and Environmental Microbiology* 65 (1999), pp. 1477–82.

Kelley, J. L., Peyton, J. T., Fiston-Lavier, A.-S. et al. 'Compact Genome of the Antarctic Midge Is Likely an Adaptation to an Extreme Environment', *Nature Communications* 5 (2014), Article No. 4611.

Knapp, F. W. 'Arthropod Pests of Horses', in Williams, R. E., Hall, R. D., Broce, A. B. & Scholl, P. J. (Eds): *Livestock Entomology*. Wiley, New York (1985), pp. 297–322.

Leonardi, M. & Palma, R. 'Review of the Systematics, Biology and Ecology of Lice from Pinnipeds and River Otters (Insecta: Phthiraptera: Anoplura: Echinophthiriidae)'. *Zootaxa*, 3630(3) (2013), pp. 445–66.

Misof, B., Liu, S., Meusemann, K. et al. 'Phylogenomics Resolves the Timing and Pattern of Insect Evolution'. *Science* 346 (2014), pp. 763–7.

Nesbitt, S. J., Barrett, P. M., Werning, S. et al. 'The Oldest Dinosaur? A Middle Triassic Dinosauriform from Tanzania', *Biology Letters* 9 (2013).

Shaw, S. R. *Planet of the Bugs. Evolution and the Rise of Insects*. University of Chicago Press, Chicago (2014).

Xinhuanet. 'World's Longest Insect Discovered in China', sourced in 2017 from http://news.xinhuanet.com/english/2016-05/05/c_135336786.htm (2016).

Zuk, M. *Sex on Six Legs: Lessons on Life, Love, and Language from the Insect World*, Houghton Mifflin Harcourt, 2011.

CHAPTER 1

Alem, S., Perry, C. J., Zhu, X. et al. 'Associative Mechanisms Allow for Social Learning and Cultural Transmission of String Pulling in an Insect', *PLOS Biology* 14 (2016), e1002564.

Arikawa, K. 'Hindsight of Butterflies', *BioScience* 51 (2001), pp. 219–25.

Arikawa, K., Eguchi, E., Yoshida, A. & Aoki, K. 'Multiple Extraocular Photoreceptive Areas on Genitalia of Butterfly *Papilio xuthus*', *Nature* 288 (1980), pp. 700–2.

Avarguès-Weber, A., Portelli, G., Benard, J. et al. 'Configural Processing Enables Discrimination and Categorization of Face-Like Stimuli in Honeybees', *The Journal of Experimental Biology* 213 (2010), pp. 593–601.

Caro, T. M. & Hauser, M. D. 'Is There Teaching in Nonhuman Animals?' *The Quarterly Review of Biology* 67 (1992), pp. 151–74.

Chapman, A. D. *Numbers of Living Species in Australia and the World* (2nd ed.), Canberra, 2009.

Dacke, M. & Srinivasan, M. V. 'Evidence for Counting in Insects', *Animal Cognition* 11 (2008), pp. 683–9.

Darwin, C. *Charles Darwin's Beagle Diary* (1834), sourced in 2017 from http://darwinbeagle.blogspot.no/2009/09/17th-september-1834.html

Darwin, C. *The Descent of Man, and Selection in Relation to Sex*. J. Murray, London, 1871.

Elven, H. & Aarvik, L. 'Insekter Insecta', sourced in 2017 from Artsdatabanken https://artsdatabanken.no/Pages/135656 (2017).

2222

Falck, M. 'La vevkjerringene veve videre', *Insektnytt* 29 (2004), pp. 57–60.

Franks, N. R. & Richardson, T. 'Teaching in Tandem-Running Ants', *Nature* 439 (2006), p. 153.

Frye, M. A. 'Visual Attention: A Cell that Focuses on One Object at a Time'. Current Biology 23 (2013), R61–3.

Gonzalez-Bellido, P. T., Peng, H., Yang, J. et al. 'Eight Pairs of Descending Visual Neurons in the Dragonfly Give Wing Motor Centers Accurate Population Vector of Prey Direction', *Proceedings of the National Academy of Sciences* 110 (2013), pp. 696–701.

Gopfert, M. C., Surlykke, A. & Wasserthal, L. T. 'Tympanal and Atympanal "Mouth-Ears" in Hawkmoths (Sphingidae)'. *Proc Biol Sci* 269 (2002), pp. 89–95.

Jabr, F. 'How Did Insect Metamorphosis Evolve?' Sourced in 2017 from https://www.scienti camerican.com/article/insect-metamorphosis-evolution/ (2012).

Leadbeater, E. & Chittka, L. 'Social Learning in Insects – From Miniature Brains to Consensus Building', *Current Biology* 17 (2007), R703–R713.

Minnich, D. E. 'The Chemical Sensitivity of the Legs of the Blowfly, *Calliphora vomitoria* Linn., to Various Sugars', *Zeitschrift für vergleichende Physiologie* 11 (1929), pp. 1–55.

Montealegre-Z., F., Jonsson, T., Robson-Brown, K. A. et al. 'Convergent Evolution Between Insect and Mammalian Audition', *Science* 338 (2012), pp. 968–71.

Munz, T. *The Dancing Bees: Karl von Frisch and the Discovery of the Honeybee Language*, The University of Chicago, 2016.

'Eremitten yttes til åpen soning'. Press. NINA. Sourced in 2017 from http://www.nina.no/english/News/News-article/ArticleId/4321 (2017).

Ranius, T. & Hedin, J. 'The Dispersal Rate of a Beetle, *Osmoderma eremita*, Living in Tree Hollows', *Oecologia* 126 (2001), pp. 363–70.

Shuker, K. P. N. *The Hidden Powers of Animals: Uncovering the Secrets of Nature*, Marshall Editions Ltd., London, 2001.

Tibbetts, E. A. 'Visual Signals of Individual Identity in the Wasp *Polistes fuscatus*', *Proceedings of the Royal Society of London. Series B: Biological Sciences* 269 (2002), pp. 1423–8.

CHAPTER 2

Banerjee, S., Coussens, N. P., Gallat, F. X. et al. 'Structure of a Heterogeneous, Glycosylated, Lipid-Bound, in Vivo-Grown Protein Crystal at Atomic Resolution from the Viviparous Cockroach *Diploptera punctate*', *IUCrJ* 3 (2016), pp. 282–93.

Birch, J. & Okasha, S. 'Kin Selection and Its Critics', *BioScience* 65 (2015), pp. 22–32.

Boos, S., Meunier, J., Pichon, S. & Kölliker, M. 'Maternal Care Provides Antifungal Protection to Eggs in the European Earwig', *Behavioral Ecology* 25 (2014), pp. 754–61.

Borror, D. J., Triplehorn, C. A. & Johnson, N. F. *An Introduction to the Study of Insects*, Saunders College Pub, Philadelphia, 1989.

Brian, M. B. *Production Ecology of Ants and Termites*, Cambridge University Press, 1978.

Eady, P. E. & Brown, D. V. 'Male-female Interactions Drive the (Un)repeatability of Copula Duration in an Insect', *Royal Society Open Science* 4 (2017), 160962.

Eberhard, W. G. 'Copulatory Courtship and Cryptic Female Choice in Insects', *Biological Reviews* 66 (1991), pp. 1–31.

Fedina, T. Y. 'Cryptic Female Choice during Spermatophore Transfer in *Tribolium castaneum* (Coleoptera: Tenebrionidae)', *Journal of Insect Physiology* 53 (2007), pp. 93–98.

Fleming, N. 'Which Life Form Dominates on Earth?' Sourced in 2017 from http://www.bbc.com/earth/story/20150211-whats-the-most-dominant-life-form (2015).

Folkehelseinstituttet. 'Hjortelusflue', sourced in 2017 from https://www.fhi.no/nettpub/skadedyrveilederen/fluer-og-mygg/hjortelusflue-/ (2015).

Hamill, J. 'What a Buzz Kill: Male Bees' Testicles EXPLODE When They Reach Orgasm', sourced in 2017 from https://www.thesun.co.uk/news/1926328/male-bees-testicles-explode-when-they-reach-orgasm/ (2016)

Lawrence, S. E. 'Sexual Cannibalism in the Praying Mantid, *Mantis religiosa*: A Field Study', *Animal Behaviour* 43 (1992), pp. 569–83.

Lüpold, S., Manier, M. K., Puniamoorthy, N. et al. 'How Sexual Selection Can Drive the Evolution of Costly Sperm Ornamentation', *Nature* (2016), pp. 533–5.

Maderspacher, F. 'All the Queen's Men', *Current Biology* 17 (2007), R191–R195.

Nowak, M. A., Tarnita, C. E. & Wilson, E. O. 'The Evolution of Eusociality', *Nature* 466 (2010), pp. 1057–62.

Pitnick, S., Spicer, G. S. & Markow, T. A. 'How Long Is a Giant Sperm?' *Nature* 375 (1995), p. 109.

Schwartz, S. K., Wagner, W. E. & Hebets, E. A. 'Spontaneous Male Death and Monogyny in the Dark Fishing Spider', *Biology Letters* 9 (2013).

Shepard, M., Waddil, V. & Kloft, W. 'Biology of the Predaceous

Earwig *Labidura riparia* (Dermaptera: Labiduridae)',
Annals of the Entomological Society of America 66 (1973),
pp. 837–41.

Sivinski, J. 'Intrasexual Aggression in the Stick Insects
Diapheromera veliei and *D. Covilleae* and Sexual Dimorphism
in the Phasmatodea', *Psyche* 85 (1978), pp. 395–405.

Williford, A., Stay, B. & Bhattacharya, D. 'Evolution of a Novel
Function: Nutritive Milk in the Viviparous Cockroach,
Diploptera punctate', *Evolution & Development* 6 (2004), pp.
67–77.

CHAPTER 3

Britten, K. H., Thatcher, T. D. & Caro, T. 'Zebras and Biting
Flies: Quantitative Analysis of Reflected Light from Zebra
Coats in Their Natural Habitat', *PLOS ONE* 11 (2016),
e0154504.

Caro, T., Izzo, A., Reiner Jr., R. C. et al. 'The Function of Zebra
Stripes', *Nature Communications* 5 (2014), 3535.

Caro, T. & Stankowich, T. 'Concordance on Zebra Stripes:
A Comment on Larison et al. *Royal Society Open Science* 2
(2015).

Darwin, C. Darwin Correspondence Project. Sourced in
2017 from http://www.darwinproject.ac.uk/letter/DCP-
LETT-2814.xml (1860).

Dheilly, N. M., Maure, F., Ravallec, M. et al. 'Who Is the Puppet
Master? Replication of a Parasitic Wasp-Associated Virus
Correlates with Host Behaviour Manipulation', *Proceedings
of the Royal Society B: Biological Sciences* 282 (2015).

Eberhard, W. G. 'The Natural History and Behavior of the

Bolas Spider *Mastophora dizzydeani* SP. n. (Araneidae)', *Psyche* 87 (1980), pp. 143–169.

Haynes, K. F., Gemeno, C., Yeargan, K. V. et al. 'Aggressive Chemical Mimicry of Moth Pheromones by a Bolas Spider: How Does This Specialist Predator Attract More Than One Species of Prey?', *Chemoecology* 12 (2002), pp. 99–105.

Larison, B., Harrigan, R. J., Thomassen, H. A. et al. 'How the Zebra Got its Stripes: A Problem with Too Many Solutions', *Royal Society Open Science* 2 (2015).

Libersat, F. & Gal, R. 'What Can Parasitoid Wasps Teach us about Decision-Making in Insects?' *Journal of Experimental Biology* 216 (2013), pp. 47–55.

Marshall, D. C. & Hill, K. B. R. 'Versatile Aggressive Mimicry of Cicadas by an Australian Predatory Katydid', *PLOS ONE* 4 (2009), e4185.

Melin, A. D., Kline, D. W., Hiramatsu, C. & Caro, T. 'Zebra Stripes Through the Eyes of their Predators, Zebras, and Humans', PLOS ONE 11(2016), e0145679.

Yeargan, K. V. 'Biology of Bolas Spiders', *Annual Review of Entomology* 39 (1994), pp. 81–99.

CHAPTER 4

Babikova, Z., Gilbert, L., Bruce, T. J. A. et al. 'Underground Signals Carried Through Common Mycelial Networks Warn Neighbouring Plants of Aphid Attack', *Ecology Letters* 16 (2013), pp. 835–43.

Barbero, F., Patricelli, D., Witek, M. et al. 'Myrmica Ants and Their Butterfly Parasites with Special Focus on the Acoustic Communication', *Psyche* 2012: 11 (2012).

Dangles, O. & Casas, J. 'The Bee and the Turtle: A Fable from Yasuní National Park', *Frontiers in Ecology and the Environment* 10 (2012), pp. 446–7.

de la Rosa, C. L. 'Additional Observations of Lachryphagous Butterflies and Bees', *Frontiers in Ecology and the Environment* 12 (2014), p. 210.

Department of Agriculture and Fisheries, B. Q. 'The Prickly Pear Story', sourced in 2017 from https://www.daf.qld.gov.au/__data/assets/pdf_ le/0014/55301/IPA-Prickly-Pear-Story-PP62.pdf (2016).

Ekblom, R. 'Smörbolls ugornas fantastiska värld', *Fauna och Flora* 102 (2007) pp. 20–22.

Evans, T. A., Dawes, T. Z., Ward, P. R. & Lo, N. 'Ants and Termites Increase Crop Yield in a Dry Climate', *Nature Communications* 2: (2011), Article No. 262.

Grinath, J. B., Inouye, B. D. & Underwood, N. 'Bears Benefit Plants Via a Cascade with both Antagonistic and Mutualistic Interactions', *Ecology Letters* 18 (2015), pp. 164–73.

Hansen, L. O. *Pollinerende insekter i Maridalen*. Årsskrift. 132 pages, Maridalens Venner, 2015.

Hölldobler, B. & Wilson, E. O. *Journey to the Ants: A Story of Scientific Exploration*, Belknap Press of Harvard University Press, Cambridge, Massachusetts, 1994.

Lengyel, S., Gove, A. D., Latimer, A. M. et al. 'Convergent Evolution of Seed Dispersal by Ants, and Phylogeny and Biogeography in Flowering Plants: A Global Survey', *Perspectives in Plant Ecology Evolution and Systematics* 12 (2010), pp. 43–55.

McAlister, E. *The Secret Life of Flies*. Natural History Museum, London, 2017.

Midgley, J. J., White, J. D. M., Johnson, S. D. & Bronner, G.

N. 'Faecal Mimicry by Seeds Ensures Dispersal by Dung Beetles', *Nature Plants* 1 (2015), 15141.

Moffett, M. W. *Adventures Among Ants. A Global Safari with a Cast of Trillions*, University of California Press, 2010.

Nedham, J. *Science and Civilisation in China. Volume 6, Biology and Biological Technology: Part 1: Botany*, Cambridge University Press, Cambridge, UK, 1986.

Oliver, T. H., Mashanova, A., Leather, S. R. et al. *Ant semiochemicals limit apterous aphid dispersal. Proceedings of the Royal Society B: Biological Sciences* 274 (2007), pp. 3127–31.

Patricelli, D., Barbero, F., Occhipinti, A. et al. 'Plant Defences Against Ants Provide a Pathway to Social Parasitism in Butterflies', *Proceedings of the Royal Society B: Biological Sciences* 282 (2015), 20151111.

Simard, S. W., Perry, D. A., Jones, M. D. et al. 'Net Transfer of Carbon between Ectomycorrhizal Tree Species in the Field', *Nature* 388 (1997), pp. 579–82.

Stiling, P., Moon, D. & Gordon, D. 'Endangered Cactus Restoration: Mitigating the Non-Target Effects of a Biological Control Agent (*Cactoblastis cactorum*) in Florida', *Restoration Ecology* 12 (2004), pp. 605–10.

Stockan, J. A. & Robinson, E. J. H. (Eds). *Wood Ant Ecology and Conservation. Ecology, Biodiversity and Conservation*, Cambridge University Press, Cambridge, 2016.

Wardle, D. A., Hyodo, F., Bardgett, R. D. et al. 'Long-term Aboveground and Belowground Consequences of Red Wood Ant Exclusion in Boreal Forest', *Ecology* 92 (2011), 645–56.

Warren, R. J. & Giladi, I. 'Ant-Mediated Seed Dispersal: A Few Ant Species (Hymenoptera: Formicidae) Benefit many Plants', *Myrmecological News* 20 (2014), pp. 129–40.

Zimmermann, H. G., Moran, V. C. & Hoffmann, J. H. 'The Renowned Cactus Moth, *Cactoblastis cactorum* (Lepidoptera: Pyralidae): Its Natural History and Threat to Native *Opuntia* Floras in Mexico and the United States of America', *Florida Entomologist* 84 (2001) pp. 543–51.

CHAPTER 5

Bartomeus, I., Potts, S. G., Steffan-Dewenter, I. et al. 'Contribution of Insect Pollinators to Crop Yield and Quality Varies with Agricultural Intensification', *PeerJ* 2 (2014), e328.

Crittenden, A. N. 'The Importance of Honey Consumption in Human Evolution', *Food and Foodways* 19 (2011), pp. 257–73.

Davidson, L. 'Don't Panic, but We Could Be Running Out of Chocolate', sourced in 2017 from http://www.telegraph.co.uk/finance/newsbysector/retailandconsumer/11236558/Dont-panic-but-we-could-be-running-out-of-chocolate.html (2014).

DeLong, D. M. 'Homoptera', sourced in 2017 from https://www.britannica.com/animal/homopteran#ref134267 (2014).

Financial Times, 'Edible Insects: Grub Pioneers Aim to Make Bugs Palatable', sourced in 2018 from https://www.ft.com/content/bc0e4526-ab8d-11e4-b05a-00144feab7de (2015).

Harpaz, I. 'Early Entomology in the Middle East', pp. 21–36 in Smith, R. F., Mittler, T. E. & Smith, C. N. (Eds) *History of Entomology*, Annual Review, Palo Alto, California, (1973).

Hogendoorn, K., Bartholomaeus, F. & Keller, M. A. 'Chemical

and Sensory Comparison of Tomatoes Pollinated by Bees and by a Pollination Wand', *Journal of Economic Entomology* 103 (2010), pp. 1286–92.

Hornetjuice.com. 'About Hornet juice', sourced in 2017 from https:// www.hornetjuice.com/what/

Isack, H. A. & Reyer, H. U. 'Honeyguides and Honey Gatherers: Interspecific Communication in a Symbiotic Relationship', *Science* 243 (1989), pp. 1343–6.

Klatt, B. K., Holzschuh, A., Westphal, C. et al. 'Bee Pollination Improves Crop Quality, Shelf Life and Commercial Value', *Proceedings of the Royal Society B: Biological Sciences* 281 (2014).

Klein, A.-M., Steffan-Dewenter, I. & Tscharntke, T. 'Bee Pollination and Fruit Set of *Coffea arabica* and *C. canephora* (Rubiaceae)', *American Journal of Botany* 90 (2003), pp. 153–7.

Lomsadze, G. 'Report: Georgia Unearths the World's Oldest Honey', sourced in 2017 from http://www.eurasianet.org/ node/65204 (2012).

Ott, J. 'The Delphic Bee: Bees and Toxic Honeys as Pointers to Psychoactive and other Medicinal Plants', *Economic Botany* 52 (1998), pp. 260–66.

Spottiswoode, C. N., Begg, K. S. & Begg, C. M. 'Reciprocal Signaling in Honeyguide-Human Mutualism', *Science* 353 (2016), pp. 387–9.

Språkrådet. 'Språklig insekt i mat', sourced in 2017 from http:// www.sprakradet.no/Vi-og-vart/Publikasjoner/Spraaknytt/ spraknytt-2015/spraknytt-12015/spraklig-insekt-i-mat/ (2015).

Totland, Ø., Hovstad, K. A., Ødegaard, F. & Åström, J. 'Kunnskapsstatus for insektpollinering i Norge – betydningen

av det komplekse samspillet mellom planter og insekter',
Artsdatabanken, Norge (2013).

Wotton, R. 'What Was Manna?' *Opticon1826* 9 (2010).

CHAPTER 6

Barton, D. N., Vågnes Traaholt, N., Blumentrath, S. & Reinvang,
R. 'Naturen i Oslo er verdt milliarder. Verdsetting av urbane
økosystemtjenester fra grønnstruktur', *NINA Rapport* 1113,
21 pages (2015).

Cambefort, Y. 'Le scarabée dans l'Égypte ancienne. Origine
et signification du symbole', *Revue de l'histoire des religions*
204 (1987), pp. 3–46.

Dacke, M., Baird, E., Byrne, M. et al. 'Dung Beetles Use the
Milky Way for Orientation', *Current Biology* 23 (2013), pp.
298–300.

Direktoratet for naturforvaltning. 'Handlingsplan for utvalgt
naturtype hule eiker', *DN Rapport* 1-2012. 80 pages. (2012).

Eisner, T. & Eisner, M. 'Defensive Use of a Fecal Thatch by a
Beetle Larva (*Hemisphaerota cyanea*)', *Proceedings of the
National Academy of Sciences of the United States of America*
97 (2000), pp. 2632–6.

Evju, M. (red.), Bakkestuen, V., Blom, H. H., Brandrud, T. E.,
Bratli, & H. N. B., Sverdrup-Thygeson, A. & Ødegaard,
F. 'Oaser for artsmangfoldet – hotspot-habitater for
rødlistearter', *NINA Temahefte* 61, 48 pages (2015).

Goff, M. L. *A Fly for the Prosecution: How Insect Evidence Helps
Solve Crimes*, Harvard University Press, Cambridge, Mass.,
2001.

Gough, L. A., Birkemoe, T. & Sverdrup-Thygeson, A. 'Reactive

Forest Management Can Also Be Proactive for Wood-living Beetles in Hollow Oak Trees', *Biological Conservation* 180 (2014), pp. 75–83.

Jacobsen, R. M. 'Saproxylic insects influence community assembly and succession of fungi in dead wood', PhD thesis, Norwegian University of Life Sciences (2017).

Jacobsen, R. M., Birkemoe, T. & Sverdrup-Thygeson, A. 'Priority Effects of Early Successional Insects Influence Late Successional Fungi in Dead Wood', *Ecology and Evolution* 5 (2015), pp. 4896–4905.

Jones, R. *Call of Nature: The Secret Life of Dung.* Pelagic Publishing, Exeter, UK, 2017.

Ledford, H. 'The Tell-Tale Grasshopper. Can Forensic Science Rely on the Evidence of Bugs?' http://www.nature.com/news/2007/070619/full/news070618-5.html (2007).

McAlister, E. *The Secret Life of Flies*, Natural History Museum, London, 2017.

Parker, C. B. 'Buggy: Entomology Prof Helps Unravel Murder', sourced in 2017 from https://www.ucdavis.edu/news/buggy-entomology-prof-helps-unravel-murder (2007).

Pauli, J. N., Mendoza, J. E., Steffan, S. A. et al. 'A Syndrome of Mutualism Reinforces the Lifestyle of a Sloth', *Proceedings of the Royal Society B: Biological Sciences* 281 (2014).

Pilskog, H. 'Effects of Climate, Historical Logging and Spatial Scales on Beetles in Hollow Oaks', PhD thesis, Norwegian University of Life Sciences (2016).

Savage, A. M., Hackett, B., Guénard, B. et al. 'Fine-Scale Heterogeneity across Manhattan's Urban Habitat Mosaic Is Associated with Variation in Ant Composition and Richness', *Insect Conservation and Diversity* 8 (2015), pp. 216–28.

Storaunet, K. O. & Rolstad, J. 'Mengde og utvikling av død ved produktiv skog i Norge. Med basis i data fra Landsskogtak-seringens 7. (1994–1998) og 10. takst (2010–13). *Oppdrag-srapport* 06/2015, Norsk institutt for skog og landskap, Ås (2015).

Strong, L. 'Avermectins – a Review of their Impact on Insects of Cattle Dung', *Bulletin of Entomological Research,* 82 (1992), pp. 265–74.

Suutari, M., Majaneva, M., Fewer, D. P. et al. 'Molecular Evidence for a Diverse Green Algal Community Growing in the Hair of Sloths and a Specific Association with *Trichophilus welckeri* (Chlorophyta, Ulvophyceae)', *BMC Evolutionary Biology* 10 (2010), p. 86.

Sverdrup-Thygeson, A., Brandrud T. E. (red.), Bratli, H. et al. 'Hotspots – naturtyper med mange truete arter. En gjennomgang av Rødlista for arter 2010 i forbindelse med ARKO-prosjektet', *NINA Rapport* 683, 64 pages (2011).

Sverdrup-Thygeson, A., Skarpaas, O., Blumentrath, S. et al. 'Habitat Connectivity Affects Specialist Species Richness More Than Generalists in Veteran Trees', *Forest Ecology and Management* 403 (2017), pp. 96–102.

Sverdrup-Thygeson, A., Skarpaas, O. & Odegaard, F. 'Hollow Oaks and Beetle Conservation: the Significance of the Surroundings', *Biodiversity and Conservation* 19 (2010), pp. 837–52.

Vencl, F. V., Trillo, P. A. & Geeta, R. 'Functional Interactions Among Tortoise Beetle Larval Defenses Reveal Trait Suites and Escalation', *Behavioral Ecology and Sociobiology* 65 (2011), pp. 227–39.

Wall, R. & Beynon, S. 'Area-wide Impact of Macrocyclic Lac-tone Parasiticides in Cattle Dung', *Medical and Veterinary Entomology* 26 (2012), pp. 1–8.

Welz, A. 'Bird-killing Vet Drug Alarms European Conservationists', sourced in 2017 from https://www.theguardian.com/environment/nature-up/2014/mar/11/bird-killing-vet-drug-alarms-european-conservationists (2014).

Youngsteadt, E., Henderson, R. C., Savage, A. M. et al. 'Habitat and Species Identity, not Diversity, Predict the Extent of Refuse Consumption by Urban Arthropods', *Global Change Biology* 21 (2015), pp. 1103–15.

Ødegaard, F., Hansen, L. O. & Sverdrup-Thygeson, A. 'Dyremøkk – et hotspot-habitat. Sluttrapport under ARKO-prosjektets periode II', *NINA Rapport* 715, 42 pages, (2011).

Ødegaard, F., Sverdrup-Thygeson, A., Hansen, L. O. et al. 'Kartlegging av invertebrater i fem hotspot-habitattyper. Nye norske arter og rødlistearter 2004–2008', *NINA Rapport* 500, 102 pages (2009).

CHAPTER 7

Andersson, M., Jia, Q., Abella, A. et al. 'Biomimetic Spinning of Artificial Spider Silk from a Chimeric Minispidroin', *Nature Chemical Biology* 13 (2017) pp. 262–4.

Apéritif.no. 'De nødvendige tanninene', sourced in 2017 from https://www.aperitif.no/artikler/de-nodvendige-tanninene/169203 (2014).

Bower, C. F. 'Mind Your Beeswax', sourced in 2017 from https://www.catholic.com/magazine/print-edition/mind-your-beeswax (1991).

Copeland, C. G., Bell, B. E., Christensen, C. D. & Lewis, R. V. 'Development of a Process for the Spinning of Synthetic

Spider Silk', *ACS Biomaterials Science & Engineering* 1 (2015), pp. 577–84.

Europalov.no. 'Tilsetningsforordningen: endringsbestemmelser om bruk av stoffer på eggeskall', sourced in 2017 from http://europalov.no/rettsakt/tilsetningsforordningen-endringsbestemmelser-om-bruk-av-stoffer-pa-eggeskall/id-5444 (2013).

Fagan, M. M. 'The Uses of Insect Galls', *The American Naturalist* 52 (1918), pp. 155–76.

Food and Agriculture Organization of the United Nations. 'FAO STATS: Live Animals', sourced in 2017 from http://www.fao.org/faostat/en/#data/QA

International Sericultural Commission (ISC), 'Statistics', sourced in 2017 from http://inserco.org/en/statistics

Koeppel, A. & Holland, C. 'Progress and Trends in Artificial Silk Spinning: A Systematic Review', *ACS Biomaterials Science & Engineering* 3 (2017), pp. 226–37, 10.1021/acsbiomaterials.6b00669.

Lovdata. 'Forskrift om endring i forskrift om tilsetningsstoffer til næringsmidler', sourced in 2017 from https://lovdata.no/dokument/LTI/forskrift/2013-05-21-510 (2013).

Oba, Y. 2014. 'Insect Bioluminescence in the Post-Molecular Biology Era', *Insect Molecular Biology and Ecology*, CRC Press (2013), pp. 94–120.

Osawa, K., Sasaki, T. & Meyer-Rochow, V. 'New Observations on the Biology of Keroplatus nipponicus Okada 1938 (Diptera; Mycetophiloidea; Keroplatidae), a Bioluminescent Fungivorous Insect', *Entomologie Heute* 26 (2014), pp. 139–49.

Ottesen, P. S. 'Om gallveps (Cynipidae) og jakten på det forsvunne blekk', *Insekt-nytt* 25 (2000).

Rutherford, A. 'Synthetic Biology and the Rise of the "Spider-goats"', sourced in 2017 from https://www.theguardian.com/science/2012/jan/14/synthetic-biology-spider-goat-genetics (2012).

Seneca the Elder, Latin text and translations, Seneca the Elder, *Excerpta Controversiae* 2.7, sourced in 2017 from http://perseus.uchicago.edu/perseus-cgi/citequery3.pl?dbname=LatinAugust2012&getid=0&query=Sen.%20Con.%20ex.%202.7

Shah, T. H., Thomas, M. & Bhandari, R. 'Lac Production, Constraints and Management – a Review', *International Journal of Current Research* 7 (2015), pp. 13652–9.

Sutherland, T. D., Young, J. H., Weisman, S. et al. 'Insect Silk: One Name, Many Materials', *Annual Review of Entomology* 55 (2010), pp. 171–88.

Sveriges lantbruksuniversitet. 'Spinning Spider Silk Is Now Possible', sourced in 2017 from http://www.slu.se/en/ew-news/2017/1/spinning-spider-silk-is-now-possible/ (2017).

Tomasik, B. 'Insect Suffering from Silk, Shellac, Carmine, and Other Insect Products', sourced in 2017 from http://reducing-suffering.org/insect-suffering-silk-shellac-carmine-insect-products/ (2017).

Wakeman, R. J., 2015. 'The Origin and Many Uses of Shellac', sourced in 2017 from https://www.antiquephono.org/the-origin-many-uses-of-shellac-by-r-j-wakeman/

Zinsser & Co. 'The Story of Shellac', sourced in 2017 from http://www.zinsseruk.com/core/wp-content/uploads/2016/12/Story-of-shellac.pdf, Somerseth, NJ (2003).

CHAPTER 8

Aarnes, H. 'Biomimikry', sourced in 2017 from https://snl.no/ Biomimikry (2016).

Alnaimat, S. 'A Contribution to the Study of Biocontrol Agents, Apitherapy and Other Potential Alternative to Antibiotics', PhD thesis, University of Sheffield (2011).

Amdam, G. V. & Omholt, S. W. 'The Regulatory Anatomy of Honeybee Lifespan', *Journal of Theoretical Biology* 216 (2002), pp. 209–28.

Arup.com. 'Eastgate Development, Harare, Zimbabwe' sourced in 2017 from https://web.archive.org/web/20041 114141220/http://www.arup.com/feature.cfm?pageid=292

Bai, L., Xie, Z., Wang, W. et al. 'Bio-Inspired Vapor-Responsive Colloidal Photonic Crystal Patterns by Inkjet Printing', *ACS Nano* 8 (2014), 11094–100.

Baker, N., Wolschin, F. & Amdam, G. V. 'Age-Related Learning Deficits Can Be Reversible in Honeybees *Apis mellifera*', *Experimental Gerontology* 47 (2012), pp. 764–72.

BBC News. 'India Bank Termites Eat Piles of Cash', sourced in 2017 from http://www.bbc.com/news/world-south-asia-13194864 (2011).

Bombelli, P., Howe, C. J. & Bertocchini, F. 'Polyethylene Bio-degradation by Caterpillars of the Wax Moth *Galleria mellonella*', *Current Biology* 27: pp. R292–3 (2017).

Carville, O. 'The Great Tourism Squeeze: Small Town Tourist Destinations Buckle under Weight of New Zealand's Tourism Boom', sourced in 2017 from http://www.nzherald.co.nz/nz/news/article.cfm?c_id=1&objectid=11828398 (2017).

Chechetka, S. A., Yu, Y., Tange, M. & Miyako, E. 'Materially Engineered Artificial Pollinators', *Chem* 2: 224–39 (2017).

Christmann, B. 'Fly on the Wall. Making Fly Science Approachable for Everyone', sourced in 2017 from http://blogs.brandeis.edu/flyonthewall/list-of-posts/

Cornette, R. & Kikawada, T. 'The Induction of Anhydrobiosis in the Sleeping Chironomid: Current Status of our Knowledge', *IUBMB Life* 63 (2011), pp. 419–29.

Dirafzoon, A., Bozkurt, A. & Lobaton, E. 'A Framework for Mapping with Biobotic Insect Networks: From Local to Global Maps', *Robotics and Autonomous Systems* 88 (2017), pp. 79–96.

Doan, A. 'Biomimetic architecture: Green Building in Zimbabwe Modeled After Termite Mounds', sourced in 2017 from http://inhabitat.com/building-modelled-on-termites-eastgate-centre-in-zimbabwe/ (2012).

Drew, J. & Joseph, J. *The Story of the Fly: And How it Could Save the World*, Cheviot Publishing, Country Green Point, South Africa, 2012.

Dumanli, A. G. & Savin, T. 'Recent Advances in the Biomimicry of Structural Colours', *Chemical Society Reviews* 45 (2016), pp. 6698–724.

Fernández-Marín, H., Zimmerman, J. K., Rehner, S. A. & Wcislo, W. T. 'Active Use of the Metapleural Glands by Ants in Controlling Fungal Infection', *Proceedings of the Royal Society B: Biological Sciences* 273 (2006), pp. 1689–95.

Google Patenter. 'Infrared sensor systems and devices', sourced in 2017 from https://www.google.com/patents/US7547886

Haeder, S., Wirth, R., Herz, H. & Spiteller, D. 'Candicidin-Producing *Streptomyces* Support Leaf-Cutting Ants to

Protect Their Fungus Garden Against the Pathogenic Fungus Escovopsis', *Proceedings of the National Academy of Sciences,* 106 (2009), pp. 4742–6.

Hamedi, A., Farjadian, S. & Karami, M. R. 'Immunomodulatory Properties of Trehala Manna Decoction and its Isolated Carbohydrate Macromolecules', *Journal of Ethnopharmacology* 162 (2015), pp. 121–6.

Horikawa, D. D. 'Survival of Tardigrades in Extreme Environments: A Model Animal for Astrobiology', in Altenbach, A. V., Bernhard, J. M. & Seckbach, J. (red.), *Anoxia: Evidence for Eukaryote Survival and Paleontological Strategies.* Springer Netherlands, Dordrecht (2012), pp. 205–17.

Hölldobler, B. & Engel-Siegel, H. 'On the Metapleural Gland of Ants', *Psyche* 91 (1984), pp. 201–24.

King, H., Ocko, S. & Mahadevan, L. 'Termite Mounds Harness Diurnal Temperature Oscillations for Ventilation', *Proceedings of the National Academy of Sciences* 112 (2015), pp. 11589–93.

Ko, H. J., Youn, C. H., Kim, S. H. & Kim, S. Y. 'Effect of Pet Insects on the Psychological Health of Community-dwelling Elderly People: A Single-blinded, Randomized, Controlled Trial', *Gerontology* 62 (2016), pp. 200–9.

Kuo, F. E. & Sullivan, W. C. 'Environment and Crime in the Inner City: Does Vegetation Reduce Crime?' *Environment and Behavior* 33 (2001), pp. 343–67.

Kuo, M. 'How Might Contact with Nature Promote Human Health? Promising Mechanisms and a Possible Central Pathway', *Frontiers in Psychology* 6 (2015).

Liu, F., Dong, B. Q., Liu, X. H. et al. 'Structural Color Change in Longhorn Beetles *Tmesisternus isabellae*', *Optics Express* 17 (2009), pp. 16183–91.

McAlister, E. *The Secret Life of Flies*, Natural History Museum, London, 2017.

North Carolina State University. 'Tracking the Movement of Cyborg Cockroaches', sourced in 2017 from https://www.eurekalert.org/pub_releases/2017-02/ncsu-ttm022717.php (2017).

Novikova, N., Gusev, O., Polikarpov, N. et al. 'Survival of Dormant Organisms After Long-term Exposure to the Space Environment', *Acta Astronautica* 68 (2011), pp. 1574–80.

Pinar. 'Entire Alphabet Found on the Wing Patterns of Butterflies', sourced in 2017 from http://mymodernmet.com/kjell-bloch-sandved-butterfly-alphabet/ (2013).

Ramadhar, T. R., Beemelmanns, C., Currie, C. R. & Clardy, J. 'Bacterial Symbionts in Agricultural Systems Provide a Strategic Source for Antibiotic Discovery', *The Journal of Antibiotics* 67 (2014), pp. 53–8.

Rance, C. 'A Breath of Maggoty Air', sourced in 2017 from http://thequackdoctor.com/index.php/a-breath-of-maggoty-air/ (2016).

Sleeping Chironomid Research Group. 'About the Sleeping Chironomid', sourced in 2017 from http://www.naro.affrc.go.jp/archive/nias/anhydrobiosis/Sleeping%20Chironimid/e-about-yusurika.html

Sogame, Y. & Kikawada, T. 'Current Findings on the Molecular Mechanisms Underlying Anhydrobiosis in *Polypedilum vanderplanki*', *Current Opinion in Insect Science* 19 (2017), pp. 16–21.

Sowards, L. A., Schmitz, H., Tomlin, D. W. et al. 'Characteriza-tion of Beetle *Melanophila acuminata* (Coleoptera: Bupres-tidae) Infrared Pit Organs by High-Performance Liquid Chromatography/Mass Spectrometry, Scanning Electron

Microscope, and Fourier Transform-Infrared Spectroscopy', *Annals of the Entomological Society of America* 94 (2001), pp. 686–94.

Van Arnam, E. B., Ruzzini, A. C., Sit, C. S. et al. 'Selvamicin, an Atypical Antifungal Polyene from Two Alternative Genomic Contexts', *Proceedings of the National Academy of Sciences of the United States of America* 113 (2016), pp. 12940–45.

Wainwright, M., Laswd, A. & Alharbi, S. 'When Maggot Fumes Cured Tuberculosis', *Microbiologist* March 2007 (2007), pp. 33–5.

Watanabe, M. 'Anhydrobiosis in Invertebrates', *Applied Entomology and Zoology* 41 (2006), pp. 15–31.

Whitaker, I. S., Twine, C., Whitaker, M. J. et al. 'Larval Therapy from Antiquity to the Present Day: Mechanisms of Action, Clinical Applications and Future Potential', *Postgraduate Medical Journal* 83 (2007), pp. 409–13.

Wilson, E. O. *Biophilia*, Harvard University Press, Cambridge, Mass, 1984.

World Economic Forum, Ellen MacArthur Foundation and McKinsey & Company. 2016. 'The New Plastics Economy Rethinking the Future of Plastics', sourced in 2017 from https://www.ellenmacarthurfoundation.org/assets/downloads/EllenMacArthurFoundation_TheNewPlasticsEconomy_Pages.pdf

Yang, Y., Yang, J., Wu, W. M. et al. 'Biodegradation and Mineralization of Polystyrene by Plastic-Eating Mealworms: Part 1. Chemical and Physical Characterization and Isotopic Tests', *Environmental Science & Technology* 49 (2015), pp. 12080–86.

Yates, D. (2009). 'The Science Suggests Access to Nature Is Essential to Human Health', sourced in 2017 from https://news.illinois.edu/blog/view/6367/206035

Wodsedalek, J. E. 'Five Years of Starvation of Larvae', *Science* 1189 (1917), pp. 366–7, http://science.sciencemag.org/content/46/1189/366

Zhang, C.-X., Tang, X.-D. & Cheng, J.-A. 'The Utilization and Industrialization of Insect Resources in China', *Entomological Research* 38 (2008), pp. S38–S47.

CHAPTER 9

Brandt, A., Gorenflo, A., Siede, R. et al. 'The Neonicotinoids Thiacloprid, Imidacloprid, and Clothianidin Affect the Immunocompetence of Honeybees (*Apis mellifera* L.)', *Journal of Insect Physiology* 86 (2016), pp. 40–7.

Byrne, K. & Nichols, R. A. '*Culex pipiens* in London Underground Tunnels: Differentiation Between Surface and Subterranean Populations', *Heredity* 82 (1999), 7–15.

Dirzo, R., Young, H. S., Galetti, M. et al. 'Defaunation in the Anthropocene', *Science* 345 (2014), pp. 401–6.

Dumbacher, J. P., Wako, A., Derrickson, S. R. et al. 'Melyrid Beetles (*Choresine*): A Putative Source for the Batrachotoxin Alkaloids Found in Poison-Dart Frogs and Toxic Passerine Birds', *Proceedings of the National Academy of Sciences of the United States of America* 101 (2004), pp. 15857–60.

Follestad, A. 'Effekter av kunstig nattbelysning på naturmangfoldet – en litteraturstudie', *NINA Rapport* 1081. 89 pages (2014).

Forbes, A. A., Powell, T. H. Q., Stelinski, L. L. et al. 'Sequential Sympatric Speciation across Trophic Levels', *Science* 323 (2009), pp. 776–9.

Garibaldi, L. A., Steffan-Dewenter, I., Winfree, R. et al. 'Wild

Pollinators Enhance Fruit Set of Crops Regardless of Honeybee Abundance', *Science* 339 (2013), pp. 1608–11.

Gough, L. A., Sverdrup-Thygeson, A., Milberg, P. et al. 'Specialists in Ancient Trees Are More Affected by Climate than Generalists', *Ecology and Evolution* 5 (2015), pp. 5632–41.

Goulson, D. 'Review: An Overview of the Environmental Risks Posed by Neonicotinoid Insecticides', *Journal of Applied Ecology* 50 (2013), pp. 977–87.

Hallmann, C. A., Sorg, M., Jongejans, E. et al. 'More Than 75 Per Cent Decline Over 27 Years in Total Flying Insect Biomass in Protected Areas', *PLOS ONE* 12 (2017), e0185809.

IPBES. 'Summary for Policymakers of the Assessment Report of the Intergovernmental Science-Policy Platform on Biodiversity and Ecosystem Services on Pollinators, Pollination and Food Production', Secretariat of the Intergovernmental Science-Policy Platform on Biodiversity and Ecosystem Services, Bonn, Germany (2016).

McKinney, M. L. 'High Rates of Extinction and Threat in Poorly Studied Taxa', *Conservation Biology* 13 (1999), pp. 1273–81.

Morales, C., Montalva, J., Arbetman, M. et al. 2016. '*Bombus dahlbomii*. The IUCN Red List of Threatened Species 2016: e.T21215142A100240441', sourced in 2017 from http://dx.doi.org/10.2305/IUCN.UK.2016-3.RLTS.T21215142A100240441.en

Myers, C. W., Daly, J. W. & Malkin, B. 'A Dangerously Toxic New Frog (*Phyllobates*) Used by Embera Indians of Western Colombia with Discussion of Blowgun Fabrication and Dart Poisoning', *Bulletin of the American Museum of Natural History* 161 (1978), pp. 307–66.

Pawson, S. M. & Bader, M. K. F. 'LED Lighting Increases the

Ecological Impact of Light Pollution Irrespective of Color Temperature', *Ecological Applications* 24 (2014), pp. 1561–8.

Rader, R., Bartomeus, I., Garibaldi, L. A. et al. 'Non-Bee Insects Are Important Contributors to Global Crop Pollination', *Proceedings of the National Academy of Sciences* 113 (2016), pp. 146–51.

Rasmont, P., Franzén, M., Lecocq, T. et al. 'Climatic Risk and Distribution Atlas of European Bumblebees', *BioRisk* 10 (2015).

Säterberg, T., Sellman, S. & Ebenman, B. 'High Frequency of Functional Extinctions in Ecological Networks', *Nature* 499 (2013), pp. 468–70.

Schwägerl, C. 'Vanishing Act. What's Causing the Sharp Decline in Insects, and Why It Matters', sourced in 2017 from https://e360.yale.edu/features/insect_numbers_declining_why_it_matters (2017).

Thoresen, S. B. 'Gendrivere – magisk medisin eller villfaren vitenskap?' sourced in 2017 from http://www.bioteknologiradet.no/2016/06/gen-drivere-magisk-medisin-eller-villfaren-vitenskap/ (2016).

Thoresen, S. B. & Rogne, S. 'Vi kan nå genmodifisere mygg så vi kanskje kvitter oss med malaria for godt', sourced in 2017 from https://www.aftenposten.no/viten/i/4m9o/Vi-kan-na-genmodifisere-mygg-sa-vi-kanskje-kvitter-oss-med-malaria-for-godt (2015).

Tsvetkov, N., Samson-Robert, O., Sood, K. et al. 'Chronic Exposure to Neonicotinoids Reduces Honeybee Health near Corn Crops', *Science* 356 (2017), p. 1395.

Vindstad, O. P. L., Schultze, S., Jepsen, J. U. et al. 'Numerical Responses of Saproxylic Beetles to Rapid Increases in Dead Wood Availability following Geometrid Moth

Outbreaks in Sub-Arctic Mountain Birch Forest', *PLOS ONE* 9 (2014).

Vogel, G. 'Where Have All the Insects Gone?' sourced in 2017 from http://www.sciencemag.org/news/2017/05/where-have-all-insects-gone (2017).

Wiggins, Glenn B. (1927–2013). http://www.zobodat.at/biografien/Wiggins_Glenn_B_BRA_42_0004-0008.pdf

Wilson, E. O. 'The Little Things That Run the world (The Importance and Conservation of Invertebrates)', *Conservation Biology* 1 (1987), pp. 344–6.

Woodcock, B. A., Bullock, J. M., Shore, R. F. et al. 'Country-specific Effects of Neonicotinoid Pesticides on Honeybees and Wild Bees', *Science* 356 (2017), p. 1393.

Zeuss, D., Brandl, R., Brändle, M. et al. 'Global Warming Favours Light-coloured Insects in Europe', *Nature Communications* 5 (2014), Article No. 3874.

图片说明

Insektenes Planet by Anne Sverdrup-Thygeson
Copyright © 2018 by Anne Sverdrup-Thygeson
Chapter illustrations © Tuva Sverdrup-Thygeson
Illustrations on pages 18, 37, 61, 85, 106, 125, 153, 202 © Carim Nahaboo 2019
Published by arrangement with Stilton Literary Agency, through The Grayhawk
Agency Ltd.

著作权合同登记号：图字 18-2019-288

图书在版编目（CIP）数据

昆虫的奇妙生活 /（挪）安妮·斯韦德鲁普 - 蒂格松
著；罗心宇译 . —长沙：湖南科学技术出版社，
2020.5
　ISBN 978-7-5710-0560-3

Ⅰ.①昆…　Ⅱ.①安…②罗…　Ⅲ.①昆虫学—普及
读物　Ⅳ.① Q96-49

中国版本图书馆 CIP 数据核字（2020）第 064131 号

上架建议：畅销·科普

KUNCHONG DE QIMIAO SHENGHUO
昆虫的奇妙生活

作　　者：［挪威］安妮·斯韦德鲁普 - 蒂格松
译　　者：罗心宇
出 版 人：张旭东
责任编辑：林澧波
监　　制：吴文娟
策划编辑：董　卉
特约编辑：吕晓如
版权支持：姚珊珊
营销编辑：刘晓晨　侯佩冬　秦　声
封面设计：利　锐
版式设计：李　洁
出　　版：湖南科学技术出版社
　　　　　（长沙市湘雅路 276 号　邮编：410008）
网　　址：www.hnstp.com
印　　刷：北京天宇万达印刷有限公司
经　　销：新华书店
开　　本：875mm×1270mm　1/32
字　　数：180 千字
印　　张：8.25
版　　次：2020 年 5 月第 1 版
印　　次：2020 年 5 月第 1 次印刷
书　　号：ISBN 978-7-5710-0560-3
定　　价：59.80 元

若有质量问题，请致电质量监督电话：010-59096394
团购电话：010-59320018